高等职业教育土木建筑类专业教材

建筑材料学习指导
（第2版）

主　编　徐友辉　李晓楼　廖征军

北京理工大学出版社
BEIJING INSTITUTE OF TECHNOLOGY PRESS

内容简介

本书为高职高专院校土建类专业教材《建筑材料（第2版）》（徐友辉、李晓楼主编）的配套用书。全书共分12章，主要包括建筑材料课程的教与学，建筑材料基本性质，石灰、石膏和水玻璃，水泥，混凝土，建筑砂浆，石材、砖材和砌块，建筑玻璃和陶瓷，建筑钢材，木材，沥青材料，建筑塑料、涂料和胶粘剂等内容。每章内容分学习要求、学习要点和基本训练三部分。

本书可作为高职高专院校土建类专业教材《建筑材料（第2版）》的教学参考用书，也可作为成人高校、自学考试及建设（材）行业培训的参考用书，也可供相关技术人员参考使用。

图书在版编目(CIP)数据

建筑材料学习指导 / 徐友辉，李晓楼，廖征军主编. —2版. —北京：北京理工大学出版社，2020.3

ISBN 978-7-5682-5590-5

Ⅰ.①建… Ⅱ.①徐… ②李… ③廖… Ⅲ.①建筑材料－高等学校－教学参考资料 Ⅳ.①TU5

中国版本图书馆CIP数据核字（2018）第091402号

出版发行 / 北京理工大学出版社有限责任公司

社　　　址 / 北京市海淀区中关村南大街5号

邮　　　编 / 100081

电　　　话 / （010）68914775（总编室）

　　　　　　（010）82562903（教材售后服务热线）

　　　　　　（010）68948351（其他图书服务热线）

网　　　址 / http://www.bitpress.com.cn

经　　　销 / 全国各地新华书店

印　　　刷 / 河北鸿祥信彩印刷有限公司

开　　　本 / 787毫米×1092毫米　1/16

印　　　张 / 10　　　　　　　　　　　　　　　　　　责任编辑 / 封　雪

字　　　数 / 193千字　　　　　　　　　　　　　　　　文案编辑 / 封　雪

版　　　次 / 2020年3月第2版　2020年3月第1次印刷　　责任校对 / 周瑞红

定　　　价 / 32.00元　　　　　　　　　　　　　　　　责任印制 / 边心超

第2版前言

本书是高职高专院校土建类专业教材《建筑材料（第2版）》（徐友辉、李晓楼主编）的配套用书，在第1版的基础上修订而成。本次修订，一是对第1版中的个别错误或疏漏进行更正和补充；二是按照最新颁布的国家标准和规范，对第1版进行更新和审订；三是对第1版中过时或冗长的内容进行适当删减和简化；四是新增了部分新型材料的内容。通过本次修订，本书能更好地满足高职高专院校土建类高素质技术技能型专门人才的培养需要。

本书由四川职业技术学院徐友辉、李晓楼、廖征军担任主编。具体编写分工为：徐友辉负责本书第1、2、3、4、5、6章的修订和全书修订的统稿工作，李晓楼负责本书第7、8、9、10章的修订和全书的校对工作，廖征军负责本书第11、12章的修订工作。

由于编写时间仓促及编者水平和教学经验有限，书中错误和疏漏之处在所难免，敬请专家同行和读者批评指正。

编　者

第1版前言

"建筑材料"是高等职业教育土建类专业的一门重要技术基础课,该课程内容具有两个显著特点:一是教材中经验性内容多、理论性内容少,文字叙述内容多、逻辑推导内容少,概念术语内容多、公式计算内容少;二是每类材料自成体系,章与章之间教学内容缺乏内在的逻辑联系。这使得广大学生在习惯了数学、物理等逻辑性较强的课程后,对该课程的学习难以适应,无法及时把握学习要点。

为此,编者结合自己多年的教学经验,针对北京理工大学出版社出版的《建筑材料》(徐友辉、何展荣主编)配套编撰了《建筑材料学习指导》这本教学参考书,帮助广大学生在建筑材料课程的学习过程中理清思路,抓住重点,提高学习质量。

本书由四川职业技术学院何展荣、徐友辉、廖征军编著,具体编写分工为:第1~4章由徐友辉编写,第5~8章由廖征军编写,第9~12章由何展荣编写,全书由徐友辉负责统稿。

由于编者水平有限,书中不足和疏漏之处在所难免,敬请专家同行和读者批评指正。

编　者

目　录

第1章 建筑材料课程的教与学

1.1 建筑材料课程的基本要求

1.1.1 课程开设的目的

建筑材料课程是高等职业教育土建类专业一门重要的技术基础课程，主要介绍常用建筑材料的组成、结构、性质、应用、技术标准、检验方法以及贮运、保管等方面的基础知识。

学习建筑材料课程应达到两个目的：一是为学习建筑设计、建筑施工、建筑结构和建筑预、决算等专业课程提供材料方面的基础知识；二是为将来走上社会，从事技术工作时能够正确选择、准确鉴别、合理使用、有效管理和科学开发建筑材料等打下基础。

通过学习建筑材料课程，学生应掌握常用建筑材料的性质与应用的基础知识和基本理论，了解建筑材料的标准并掌握主要的建筑材料检验方法。

本课程教学以提高人才素质为核心，以培养学生职业能力为目的，注重理论联系实际，注重科学思维方法、分析问题能力和解决问题能力的培养。

1.1.2 知识和技能要求

1. 应知

(1)建筑材料的概念、分类和基本性质。

(2)水泥、混凝土、砂浆、砖材、钢材、木材、沥青和塑料等主要建筑材料的组成、结构、性能和技术标准。

(3)混凝土、建筑砂浆和沥青等建筑材料的配合比计算。

2. 应会

(1)根据工程实际正确选择并合理使用水泥、混凝土、砂浆、砖材、钢材、木材、沥青和塑料等建筑材料。

（2）根据建筑材料相关标准或技术规程对水泥、混凝土、砂浆、砖材、钢材、木材、沥青和塑料等建筑材料的技术性能进行检测和评定。

（3）对水泥、钢材、玻璃、陶瓷、木材和塑料等建筑材料进行询价。

1.2　建筑材料课程的特点

建筑材料课程的主要特点体现在"三多"：一是材料品种多，它包括了水泥、混凝土、砂浆、砖、钢材、木材等结构材料和玻璃、陶瓷、沥青、塑料、涂料等功能材料；二是材料知识多，每一种材料都要涉及多方面的知识，如生产原料，生产工艺，材料的组成与结构，材料的性质，材料的应用范围、使用方法以及材料的检验、储存和运输等；三是概念术语多，它作为一门综合性课程，涉及许多学科的内容（如物理化学、结晶学、岩石学、混凝土学等），但反映在教材中，仅仅是这些学科的个别概念和术语，并非系统知识，学生一时难以理解。

建筑材料课程中的每类材料自成系统，缺乏内在逻辑联系，不像高等数学、普通物理等课程那样具有整体性和逻辑性，表现为经验性内容多、理论性内容少，文字叙述多、逻辑推导少，概念术语多、公式计算少等方面。

1.3　建筑材料课程的教学方法

教学有法，但无定法，贵在得法。建筑材料作为土建类专业的一门基础课程，有以下多种教学方法。

1.3.1　演示教学法

演示教学法就是将实物或与实物相关的模型、结构、试验过程，通过投影、录像等多种媒体手段呈现在学生面前，便于学生理解。这是建筑材料课程教学的主要模式，体现在以下几个方面。

1. 多媒体演示

现在许多学校的教室都配有多媒体设备，为计算机辅助教学（CAI）提供了有利条件。

利用多媒体教学手段可以缓和学时少、内容多的矛盾，可以使讲课内容更加简单明了。可以制作 CAI 课件的内容有：教材中的大量表格，如建筑材料的主要物理力学性质和国家技术标准；教材中比较重要的图形，如材料的孔隙结构图、水泥石结构图、混凝土强度与水胶比关系图、减水剂作用机理等；一些材料的生产工艺（如水泥的生产工艺、炼钢过程等）和在现实生活中的实际应用（如各种装饰材料的应用）。通过现代化教学手段演示，可以提高学生的学习兴趣及教师讲课的效果，大大提高教学质量。

2. 课堂实物演示

建筑材料是有形、有色的实体。可以将一些便于携带的建筑材料带到课堂上，教学效果更直观，有利于提高学生的学习兴趣，发挥学生的主观能动性，获得理想的教学效果。如在讲解水泥的体积安定性时，拿出体积安定性合格和不合格的两块水泥试饼做对比。学生们一看到不合格试饼的外观、疏松结构及不具备任何强度的特点，会很自然地联想这样的水泥用到工程中的危害性。这时，再讲不合格试饼产生的原因及危害，学生就能很快地理解并掌握。适合本教学方法的课堂内容有多孔砖和空心砖的区别、内墙砖和外墙砖的区别、热轧钢筋分类等。

3. 简单试验演示

建筑材料中的有些内容，教师可以带轻便仪器到教室借助简易实验来讲授，会省下许多口舌，学生也会牢固掌握有关知识。如利用两个相同规格的容量瓶装入质量相同，但颗粒级配不同的砂子，对比两个容量瓶，学生会很明显地看到级配好的砂子所占体积小。由此可以很轻松地得出结论，用颗粒级配好的砂子配制混凝土的空隙率小，强度大。适合本教学方法的课堂内容有石膏的凝结、石油沥青与煤沥青的区别、减水剂作用机理等。

1.3.2　案例教学法

在教学中采用案例教学法，使学生如同亲临现场，能够提高学生分析和解决实际问题的能力，符合高职院校的培养要求。案例教学法是根据所学课程内容，运用实际工程案例，由教师进行组织、分析和设计，然后让学生参与，在分析案例的过程中开展教学活动，对所给的案例材料进行比较、分类、分析与综合，学会从现象中抽出本质，提高学习能力。案例分析的内容应以工程实践所用材料为主，根据教学需要进行加工改造，编制具有实用性的工程案例。例如，组织学生观看中央电视台拍摄的"大家"栏目访谈中国工程院院士张光斗的专题片，介绍张光斗院士头戴安全帽，爬上正在修建的举世闻名的三峡大坝察看坝体高强度混凝土出现的细微裂缝，分析裂缝产生原因的情境。先让学生看专题片和查阅相关资料，再分组讨论，然后各组相互提问、辩论，学生就能深入思索所学理论知识，得出大体积混凝土产生细微裂缝的原因。这样的教学方式，增强了学生综合运用知识的能力，使学生认识到作为未来的工程技术人员的使命感和责任感。

1.3.3 实践教学法

课堂教学内容来源于实践又服务于实践，这就要求理论教学应与工程实践和材料试验结合起来，用实践手段来传授材料的特性、使用方法、使用效果以及使用中存在的问题等方面的知识。这样，不仅能验证已学材料的性质，还能锻炼动手能力，培养分析问题、解决问题的能力。例如，在混凝土试验的实践教学中，要求学生自己测定组成材料的性能、自己进行混凝土配合比计算、按自己的配合比搅拌混凝土，若混凝土性能达不到要求，再进行调整。本次实践教学活动，使学生学会对混凝土性能进行调整的方法，达到学生毕业后就能上岗的培养要求。

同时，在讲授理论内容时，应与一些工程中材料应用方面取得正反两个方面效果的具体实例相结合进行阐述、分析，特别应多举一些由于不懂材料性质，盲目使用而造成严重工程质量事故的反面事例。如在讲述石灰的性质时，可举石灰抹灰墙面出现爆裂点的事例，通过对此事故原因的分析，使学生加深对石灰熟化时体积膨胀较大的了解，进一步认识石灰"陈伏"的必要性。另外，可以让学生自己动手做生石灰消解的试验：在一小块生石灰上直接加水，观察石灰块的放热和体积膨胀现象。通过对这些试验的操作与观察，学生对生石灰熟化特点的了解和认识可进一步加深，牢记这些内容会容易些。

1.3.4 网络教学法

网络教学是通过计算机实现教学资源共享的教学形式，它以互联网为桥梁，跨越教师和学生在时间和空间上的距离，突破传统面对面课堂教学方式的限制，将授课课堂由教室和实验室延伸到互联网所覆盖的任何一个站点。学生可利用任何一台联网计算机终端浏览、学习有关课程内容。某一学科的先进教学方式或实验条件可以被校内或校外的各学科使用，从而可以节省大量在基础设施上的重复投资，有利于从整体上改善办学条件和提高教学水平。

1.4 建筑材料课程的学习方法

在学习建筑材料课程时必须根据其特点，从课程的目的和任务出发，把握科学的学习方法。

1.4.1 根据认知规律理清学习思路

根据认知规律，可将学习建筑材料课程的思路归结为一句话："一个中心，两条线索。"即以材料性质为中心，以决定材料性质的内在因素和影响材料性质的外界因素为线索。

首先，必须了解事物本质的内在联系，即材料的性质与组成、结构之间的关系，才能把握材料的性质。决定材料性质的内在因素在于材料的组成和结构，这是我们掌握材料性质的第一条线索。其次，材料性质不是固定不变的，在使用过程中受外界条件（如水、热、声、光、电等）的影响，材料性质会发生不同程度的变化。了解材料在外界条件影响下，其组成、结构产生变化，导致材料性质发生改变的规律，即影响材料性质的外界因素，这是掌握材料性质的第二条线索。

抓住这两条线索，不仅易于掌握建筑材料课程的基本内容，并可按此线索不断扩大材料性质与应用的知识。相反，离开此线索就会陷入死记硬背的困境，学到的知识也难以巩固和运用。学习时应自觉地运用这一思路，并尽可能用已掌握的知识（如材料的化学和矿物组成、材料不同层次的结构、材料孔隙与材料性质关系等）来揭示材料的性质。

1.4.2 运用辩证思想理解课程内容

建筑材料课程中包含的辩证唯物主义思想内容很多，应自觉运用辩证唯物主义的观点和方法去分析和理解建筑材料课程的内容。

1. 注重归纳对比

不同种类的材料具有不同的性质，同类材料不同品种之间，既存在共性，又存在特性。学习时不应将各种材料的性质孤立地、机械地死记硬背，而应采用归纳对比的方法，总结归纳同类材料的相同点，对比各种材料的不同点，然后分类理解。这样就使繁杂的内容层次分明、条理清楚，便于理解和掌握，有利于提高学习效率和效果。如用这种方法学习水泥等内容是很有效的。

2. 注重量度关系

材料的量度和试验都必须在一定的条件下进行，材料的使用也是有条件的，最常遇到的是量变和质变的关系。例如，生产硅酸盐水泥时，掺入适量石膏起缓凝作用，但石膏掺量过多反而会起促凝作用；在硅酸盐水泥中掺入不超过15％的活性混合材料，水泥主要性质不受影响，但混合材料加至20％以上时，就会引起许多性质的变化。又如，在混凝土拌合物中掺入一定的引气剂，虽可显著改善其和易性和耐久性，却使其强度降低。

3. 注重实践手段

建筑材料课程是一门实践性很强的课程，其内容来源于实践又服务于实践，若能密切联系实际，将理论学习与工程实践和材料试验结合起来，通过实践手段不仅能够增强感性认识，加深对材料的特性、使用方法、使用效果以及使用中存在的问题等方面知识的理解，而且能够在实践中验证和补充书本知识。这样，既能大大提高学生们的学习兴趣，又能有效培养与提高分析与解决实际问题的能力。

1.4.3 利用信息网络提高学习效果

现在基于互联网平台开发出的"建筑材料"网络课程版本较多，功能比较齐全，它以互联网为桥梁，跨越教师和学生在时间和空间上的距离，突破传统面对面课堂教学方式的限制，将授课课堂由教室和实验室延伸到互联网所覆盖的任何一个站点，适合于学生自主学习。

第 2 章　建筑材料基本性质

2.1　学习要求

2.1.1　建筑材料的概念和分类

1. 应知

(1)建筑材料的含义。

(2)建筑材料的分类。

2. 应会

(1)常用建筑材料的科学分类。

(2)建筑材料在建筑工程中的作用。

2.1.2　建筑材料的组成和结构

1. 应知

(1)建筑材料的化学组成、矿物组成和相组成的表示方法。

(2)建筑材料内部结构的层次。

(3)建筑材料宏观结构的主要类型。

2. 应会

(1)宏观结构与性质的关系。

(2)微观结构与性质的关系。

2.1.3　建筑材料的物理性质

1. 应知

(1)材料与质量有关的性质：①材料实际密度、表观密度、体积密度和堆积密度的含义和计算；②孔隙类型、孔隙特征和孔隙率的含义；③填充率和空隙率的含义。

(2)材料与水有关的性质：①亲水性和憎水性的含义及表示方法；②吸水性和吸湿性的含义及表示方法；③耐水性的含义及表示方法；④抗渗性和抗冻性的含义及表示方法；⑤材料受冻破坏的原因。

(3)材料与热有关的性质：①导热性和热容量的含义；②导热系数的物理意义；③热变形性和耐燃性的含义。

2. 应会

(1)材料与质量有关的性质：①通过计算确定密度、表观密度、体积密度和堆积密度；②密实度与孔隙率、填充率和空隙率之间的关系。

(2)材料与水有关的性质：①质量吸水率与体积吸水率的关系；②通过计算确定吸水率、含水率及其与材料基本物理性质(密度、表观密度、体积密度及孔隙率)间的关系。

(3)材料与热有关的性质：①影响材料导热系数的因素；②材料热容量大小的实用意义。

2.1.4　建筑材料的力学性质

1. 应知

(1)弹性变形和塑性变形的含义。

(2)脆性和冲击韧性的含义。

(3)材料强度的概念和种类。

(4)影响材料强度试验结果的因素。

2. 应会

(1)应力与应变之间的关系。

(2)硬度和耐磨性之间的关系。

(3)水泥、混凝土和砖的抗压、抗折强度计算方法。

(4)建筑砂浆抗压强度的计算方法。

2.1.5 建筑材料的耐久性

1. 应知

(1)材料的耐久性含义。

(2)影响材料耐久性的因素。

2. 应会

提高材料耐久性的措施。

2.2 学习要点

2.2.1 建筑材料的概念和分类

1. 建筑材料的概念

建筑材料是指在建筑工程中所使用的各种材料及其制品的总称。它包括构成建筑物本身的材料、施工过程中所用的材料以及与建筑物配套的建筑器材。

2. 建筑材料的分类

建筑材料通常是按材料的化学成分、使用功能和使用部位进行分类的。

(1)按材料的化学成分，分为无机材料、有机材料及复合材料三大类。

1)无机材料分为金属材料和非金属材料，金属材料又分为黑色金属材料和有色金属材料。

2)有机材料分为天然有机材料和合成有机材料。

3)复合材料分为无机材料与无机材料的复合、无机材料与有机材料的复合、有机材料与有机材料的复合三种复合形式。

(2)按材料的使用功能，分为结构材料、围护材料和功能材料三大类。

1)结构材料主要是指构成建筑物受力构件或结构所用的材料，结构材料具有足够的强度和耐久性。

2)围护材料主要是指用于建筑围护结构的材料。

3)功能材料主要是指担负某些建筑功能的非承重用材料，如防水材料、绝热材料、吸声材料、隔声材料等。

一般来说，建筑物的可靠度与安全度主要取决于结构材料，建筑物的使用功能与建筑品质主要取决于功能材料。

2.2.2 建筑材料的组成和结构

1. 建筑材料的组成

建筑材料的组成包括材料的化学组成、矿物组成和相组成。

(1)化学组成是指构成材料的化学元素及化合物的种类及数量。金属材料和有机材料的化学成分常以其元素的百分含量表示，无机非金属材料的化学成分常以其氧化物含量百分数的形式表示。

(2)矿物组成是指化学元素组成相同、分子组成形式各异的现象。在化学组成确定的条件下，矿物组成是决定材料性质的主要因素。例如，硅酸盐水泥的主要化学组成是 CaO、SiO_2 等，但形成的矿物熟料因硅酸三钙（$3CaO \cdot SiO_2$）和硅酸二钙（$2CaO \cdot SiO_2$）不同而性质有差异。

(3)相组成是指自然状态下，多数建筑材料由固、液、气三相体系构成。

2. 建筑材料的结构

材料的结构是指从宏观可见直至分子、原子水平的各个层次的构造状况。一般可分为宏观结构、细观结构和微观结构三个结构层次。

(1)宏观结构。宏观结构是指用放大镜或直接用肉眼即可分辨的结构层次。其可按孔隙尺寸和构成形态来进行分类。

1)按孔隙尺寸，可分为致密结构、微孔结构和多孔结构。

①致密结构。致密结构是指无宏观层次孔隙存在的结构，如钢材、天然的花岗石等。其特性是结构密实、强度高、硬度大，常被用作结构材料。

②微孔结构。微孔结构是指具有微细孔隙的结构，如石膏制品、烧黏土制品等。其特性是密度和导热系数较小，常被用作吸声和隔热材料。

③多孔结构。多孔结构是指具有粗大孔隙的结构，如加气混凝土、泡沫塑料及人造轻质多孔材料等，其特性是质地轻、保温性能好，多被用作绝热材料。

2)按构成形态，可分为聚集结构、纤维结构、层状结构和散粒结构。

①聚集结构。聚集结构是指由填充性集料与胶凝材料胶结成的结构，如水泥混凝土、砂浆等。

②纤维结构。纤维结构是指由纤维状物质构成的材料结构，如木材、玻璃纤维等。

③层状结构。层状结构是指天然形成的或采用人工黏结等方法将材料叠合而成层状的

材料结构，如复合木地板、胶合板等。

④散粒结构。散粒结构是指松散颗粒状结构，如混凝土集料等。

(2)细观结构。细观结构是指用光学显微镜观察研究的结构。建筑材料的细观结构只能针对某种具体材料来进行分类研究。例如，混凝土可分为基相、集料相、界面相；阔叶树木材可分为木纤维、导管和髓线。

(3)微观结构。微观结构是指材料内部在原子、离子、分子层次的结构，常用电子显微镜及 X 射线衍射分析手段来研究。根据微粒在空间中分布状态的不同，分为晶体、玻璃体和胶体三类。

晶体的微观结构特点是组成物质的微粒在空间的排列有确定的几何位置关系。一般来说，晶体结构的物质具有强度高、硬度较大、固定熔点、化学稳定性高和力学各向异性等共同特性。根据组成晶体的微粒种类和结合方式不同，晶体可分为原子晶体、离子晶体、分子晶体和金属晶体。

玻璃体的微观结构特点是组成物质的微粒在空间的排列呈无序混沌状态。玻璃体结构的材料具有化学活性高、无固定熔点、力学各向同性等共同特性。粉煤灰、火山灰、粒化高炉矿渣和建筑用普通玻璃都是典型的玻璃体结构。

胶体是极细的固体颗粒(直径为 $10^{-7} \sim 10^{-9}$ m)均匀分散在液体中所形成的结构。胶体与晶体和玻璃体最大不同点是可呈分散相和网状两种结构形式，分别称为溶胶和凝胶。

2.2.3 建筑材料的物理性质

1. 材料与质量有关的性质

(1)密度是指材料质量和体积的比值，在不同结构状态下，材料的密度分为实际密度、表观密度、体积密度和堆积密度。

1)实际密度简称密度，是指材料在绝对密实状态下，单位体积的质量。其计算公式为

$$\rho = \frac{m}{V}$$

式中　ρ——材料的实际密度(g/cm^3 或 kg/m^3)；

　　　m——材料在干燥状态下的质量(g 或 kg)；

　　　V——材料在绝对密实状态下的体积(cm^3 或 m^3)。

在测定有孔隙的材料的实际密度时，应把材料磨成细粉以排除其内部空隙，一般要求磨细至粒径小于 0.2 mm，用排液法测定其实际体积。材料磨得越细，测定的密度值越精确。

2)表观密度是指多孔材料在自然状态下，单位体积(包括闭口孔隙和固体体积)的质量。其计算公式为

$$\rho' = \frac{m}{V'}$$

式中　ρ'——材料的表观密度(g/cm^3 或 kg/m^3)；

　　　m——材料的质量(g 或 kg)；

　　　V'——材料在自然状态下的体积(包括闭口孔隙和固体体积)，单位为 cm^3 或 m^3。

对外形规则的材料，其几何体积即为表观体积；对外形不规则的材料，可用排液法测定，但在测定前，待测材料表面应用薄蜡层密封，以免测液进入材料内部孔隙而影响测定值。

3)体积密度是指材料在自然状态下，单位体积(包括闭口孔隙和开口孔隙体积及固体体积)的质量。其计算公式为

$$\rho_0 = \frac{m}{V_0}$$

式中　ρ_0——材料的体积密度(g/cm^3 或 kg/m^3)；

　　　m——材料的质量(g 或 kg)；

　　　V_0——材料在自然状态下的体积(包括闭口孔隙和开口孔隙体积及固体体积)，单位为 cm^3 或 m^3。

对于密实材料而言，ρ、ρ'、ρ_0 三者相差不大。测定表观密度要比实际密度和体积密度简便得多，在精确度要求不高时常用表观密度来代替实际密度和体积密度。

4)堆积密度是指松散材料在自然堆积状态下，单位体积的质量。其计算公式为

$$\rho_0' = \frac{m}{V_0'}$$

式中　ρ_0'——材料的堆积密度(kg/m^3)；

　　　m——材料的质量(kg)；

　　　V_0'——材料在堆积状态下的体积(m^3)。

堆积密度在建筑中可用于确定松散材料，如砂或石子的堆积场地面积和材料运输量。

(2)材料的孔隙率和密实度。材料的孔隙率是指固体材料体积内，孔隙体积占材料总体积的百分率，以 P 表示。材料的密实度是指材料体积内被固体物质所充实的程度，以 D 表示，即固体物质的体积占总体积的比例。材料的孔隙率用下式计算：

$$P = \frac{V_0 - V}{V_0} \times 100\% = \left(1 - \frac{\rho_0}{\rho}\right) \times 100\%$$

式中 P——材料的孔隙率；

ρ_0——材料的体积密度（g/cm^3 或 kg/m^3）；

ρ——材料的实际密度（g/cm^3 或 kg/m^3）。

材料的密实度用下式计算：

$$D=1-P$$

材料的孔隙率越大，其强度越低。

（3）材料的空隙率与填充率。空隙率是指散状材料在某容器的堆积体积中，颗粒之间空隙的体积占堆积体积的百分率，以 P' 表示。填充率是指颗粒状材料在其堆积体积内，被其颗粒填充的程度，以 D' 表示。

材料的空隙率用下式计算：

$$P'=\frac{V_0'-V_0}{V_0'}\times100\%=\left(1-\frac{\rho_0'}{\rho_0}\right)\times100\%$$

式中 P'——材料的空隙率；

ρ_0'——材料的堆积密度（g/cm^3 或 kg/m^3）；

ρ_0——材料颗粒的体积密度（g/cm^3 或 kg/m^3）。

材料的填充率用下式计算：

$$D'=1-P'$$

2. 材料与水有关的性质

（1）亲水性与憎水性。亲水性是指材料表面能被水润湿（润湿角 $\theta\leqslant90°$）的性质，憎水性是指材料表面不能被水润湿（$90°<\theta<180°$）的性质。根据其是否能被水润湿，可将材料分为亲水性材料和憎水性材料两大类。

大多数建筑材料是亲水性材料，只有极少数为憎水性材料。憎水性材料具有较好的防潮性和防水性，常用作防水材料，也用于亲水性材料的表面处理，以减少吸水率，提高材料的抗渗性及抗腐蚀能力。

（2）吸水性和吸湿性。吸水性是指材料在水中吸收水分的性质，用吸水率表示；吸湿性是指材料在潮湿空气中吸收水分的性质，用含水率表示。

1）吸水率为材料吸水饱和时，其所吸收水分的质量（或体积）占材料干燥质量（或干燥时体积）的百分率。材料吸水率的大小与材料的孔隙率和孔隙构造特征有关。

质量吸水率用下式计算：

$$W=\frac{m_2-m_1}{m_1}\times100\%$$

式中　W——材料的质量吸水率；

　　　m_1——材料干燥状态的质量(g 或 kg)；

　　　m_2——材料吸水饱和后的质量(g 或 kg)。

体积吸水率用下式计算：

$$W_0 = \frac{V_水}{V_0} \times 100\% = \frac{m_2 - m_1}{\rho_w} \times \frac{1}{V_0} \times 100\%$$

式中　W_0——材料的体积吸水率；

　　　$V_水$——材料吸水饱和时水的体积(cm^3)；

　　　V_0——干燥材料在自然状态下的体积(cm^3)；

　　　ρ_w——水的密度(g/cm^3)。

质量吸水率与体积吸水率存在如下关系：

$$W_0 = W \cdot \rho_0$$

注意：上式成立的条件在于 ρ_0 的单位为 g/cm^3；对于轻质多孔材料，质量吸水率超过 100% 时，常以体积吸水率表示其吸水性。

2)含水率为材料所含水分的质量占材料干燥质量的百分率，其计算公式为

$$W_含 = \frac{m_含 - m_干}{m_干} \times 100\%$$

式中　$W_含$——材料的质量含水率；

　　　$m_含$——材料吸收水分后的质量(g 或 kg)；

　　　$m_干$——材料干燥至恒重时的质量(g 或 kg)。

当材料吸水达到饱和状态时的含水率即为吸水率。

(3)耐水性。耐水性是指材料长期在饱和水作用下不被破坏，强度也不显著降低的性质。材料的耐水性用软化系数表示，可按下式计算：

$$K_P = \frac{f_w}{f}$$

式中　K_P——材料的软化系数；

　　　f_w——材料在饱水状态下的抗压强度(MPa)；

　　　f——材料在干燥状态下的抗压强度(MPa)。

软化系数的大小，表明材料浸水饱和后强度降低的程度，一般为 0～1。软化系数越小，说明材料吸水饱和后的强度降低越多，其耐水性越差。

通常认为，软化系数大于 0.80 的材料是耐水性材料。

(4)抗渗性。抗渗性是指材料在压力水作用下抵抗水渗透的性质，以渗透系数或抗渗等

级表示。

1)对于沥青、沥青混凝土、瓦等防水防潮材料，常用渗透系数 K 表示其抗渗性。渗透系数是指一定厚度的材料，在一定水压下，在单位时间内透过单位面积的水量。

K 值越大，表示材料在相同条件下渗透的水量越多，抗渗性就越差。

2)对于混凝土和砂浆等材料，常用抗渗等级 Pn 表示其抗渗性。抗渗等级是指规定的试件，在标准试验方法下所能承受的最大静水压力，n 为该材料所能承受的最大水压力的 10 倍，例如，P12 表示材料能承受 1.2 MPa 的水压而不渗水。

Pn 值越大，表示抗渗等级越高，抗渗性越好。

(5)抗冻性。抗冻性是指材料在吸水饱和状态下，能经受多次冻融循环作用而不破坏，强度不严重降低且质量也不显著减小的性质。材料的抗冻性用抗冻标号或抗冻等级表示。

抗冻标号 Dn 采用慢冻法(气冻水融)测定，抗冻等级 Fn 采用快冻法(水冻水融)测定。例如，混凝土的抗冻标号 D50 表示混凝土浸水饱和后在规定试验条件下，经 50 次(气)冻(水)融循环，且强度损失率不超过 25%或者质量损失率不超过 5%；混凝土的抗冻等级 F50 表示混凝土浸水饱和后在规定试验条件下，经 50 次(水)冻(水)融循环，相对动弹性模量下降不超过 60%或者质量损失率不超过 5%。n 的数值越大，抗冻等级越高，材料的抗冻性就越好。

冰冻对材料的破坏作用在于：材料孔隙内的水结冰时体积膨胀(约增大 9%)而引起孔壁受力破裂所致。

3. **材料与热有关的性质**

(1)导热性。导热性是指材料传导热量的性能，用导热系数表示。导热系数是指单位厚度的材料，当两个相对侧面温差为 1 K 时，在单位时间内通过单位面积的热量。

材料的导热系数与材料的组成、结构、密实程度和含水状态等因素有关。

人们常把防止内部热量的散失称为保温，把防止外部热量的进入称为隔热，将保温隔热统称为绝热。通常把导热系数小于 0.175 W/(m·K)的材料称为绝热材料。

(2)热容量。热容量是指材料加热时吸收热量、冷却时放出热量的性质。热容量大小用比热容表示，1 g 材料温度升高或降低 1 K 时，所吸收或放出的热量称为比热容。

材料的比热容反映材料吸热和放热能力的大小。比热容大的材料，能保持建筑物内部温度的稳定性，当采暖供热不均匀时，缓和室内的温度变动。

(3)热变形。热变形性是指建筑材料在温度升高(或降低)时，会出现线膨胀(或线收缩)和体积膨胀(或收缩)的现象。

材料的热变形性，一般用线膨胀系数表示，它表示温度每上升(或降低)1 K 所引起的线性增长(或收缩)与其在 0 ℃时长度的比值。

材料的热变形性直接影响建筑物或构筑物的耐久性。

(4)耐燃性。耐燃性是指材料在火焰和高温作用下可否燃烧的性质。耐燃性是评价建筑结构防火和耐火等级的重要因素。不同建筑材料的耐燃性是不同的，可将建筑材料分为非燃烧材料、难燃烧材料、可燃烧材料和易燃性材料四类。

2.2.4 建筑材料的力学性质

材料的力学性质主要是指材料在外力(荷载)作用下，抵抗变形和破坏能力的性能。

1. 变形性质

(1)可恢复的变形称为弹性变形，不可恢复的变形称为塑性变形。

(2)材料受力破坏时，无明显塑性变形而突然断裂的性质称为脆性。材料在冲击或振动荷载作用下，能够吸收较大能量，产生一定变形而不破坏的性质称为韧性。材料的韧性用冲击试验来测试，以试件破坏时单位面积所消耗的功表示。

(3)硬度是材料表面能抵抗其他较硬物体压入或刻画的能力，耐磨性是材料表面抵抗磨损的能力。材料的硬度越大，其耐磨性越好，但不易加工。

2. 强度

(1)强度是指材料在外力(荷载)作用下抵抗破坏的最大能力。根据外力作用方式不同，材料强度分为抗拉、抗压、抗剪和抗弯(抗折)强度，以符号 f 表示，单位为 MPa。

(2)材料强度是通过静力试验来测定的，故称为静力强度。静力强度是通过标准试件的破坏试验而测得。测定常见建筑材料强度的标准试件和计算公式，见表 2-1～表 2-3。

表 2-1 建筑材料轴向抗压强度测定的标准试件和计算公式

试 件		受力作用示意图	强度 计算式	试件尺寸/mm
立方体	混凝土 砂 浆 石 材		$f_c = \dfrac{F}{A}$	混凝土：$150 \times 150 \times 150$ $A = 150 \times 150$ 砂 浆：$70.7 \times 70.7 \times 70.7$ $A = 70.7 \times 70.7$ 石 材：$70 \times 70 \times 70$ $A = 70 \times 70$

试　件		受力作用示意图	强度 计算式	试件尺寸/mm
棱柱体	混凝土 木　材		$f_c = \dfrac{F}{A}$	混凝土：$a = 100$, 150, 200; $h = 2a \sim 3a$; $A = 100 \times 100$, 150×150, 200×200 木　材：$a = 20$, $h = 30$ $A = 20 \times 20$
复合试件	砖		$f_c = \dfrac{F}{A}$	$240 \times 115 \times 53$ $A = 115 \times 100$
半个棱柱体	水泥		$f_c = \dfrac{F}{A}$	$40 \times 40 \times 160$ $A = 40 \times 40$

注：F 为破坏荷载(N)；A 为受荷面积(mm^2)；a 为木材断面宽度；h 为木材断面高度。

表 2-2　建筑材料轴向抗拉强度测定的标准试件和计算公式

试　件	受力作用示意图	强度 计算式	试件尺寸/mm
钢筋		$f_t = \dfrac{F}{A}$	$l = 5d + 200$ 或 $10d + 200$ $A = \pi(d/2)^2$
木材		$f_t = \dfrac{F}{A}$	长 370，宽 15 和 20，厚 4 $A = 15 \times 4$

试 件	受力作用示意图	强度计算式	试件尺寸/mm
混凝土		$f_{劈拉}=\dfrac{2F}{\pi A}$	$150\times150\times150$ $A=150\times150$

注：F 为破坏荷载(N)；A 为受荷面积(mm^2)；l 为跨度(mm)；d 为构件直径(mm)。

表 2-3　建筑材料抗弯强度测定的标准试件和计算公式

试 件	受力作用示意图	强度计算式	试件尺寸/mm
水泥砖		$f_{tm}=\dfrac{3Fl}{2bh^2}$	水泥：$40\times40\times160$ $l=100$ 砖：$240\times115\times53$ $l=200$
混凝土木材		$f_{cm}=\dfrac{Fl}{bh^2}$	混凝土：$150\times150\times600$ $l=450$ 木材：$20\times20\times300$ $l=240$

注：F 为破坏荷载(N)；A 为受荷面积(mm^2)；l 为跨度(mm)；b 为断面宽度(mm)；h 为断面高度(mm)。

（3）影响材料强度的内因是它的组成和结构；影响材料强度的外因主要有试件的形状、尺寸、表面状态、含水率、温度及试验时的加荷速度等。

2.2.5 建筑材料的耐久性

1. 耐久性的含义

耐久性是指材料在使用过程中能长久保持其原有性质的能力，它包括材料的抗冻性、抗渗性、抗化学侵蚀性、抗碳化性能、大气稳定性、耐磨性能等。

2. 影响耐久性的因素

影响材料耐久性的因素可分为物理作用、化学作用、生物作用及机械作用。物理作用包括干湿变化、温度变化、冻融变化等；化学作用包括酸、碱、盐等物质的水溶液及气体对材料的侵蚀作用；生物作用包括蛀蚀、腐朽等破坏作用；机械作用包括冲击、疲劳荷载以及各种固体、液体和气体引起的磨损等。

2.3 基本训练

一、名词解释

建筑材料	结构材料	材料的表观密度
孔隙率	吸水性	软化系数
材料的弹性和塑性	材料的强度	导热系数
材料的耐久性		

二、单项选择题（下列各题中只有一个正确答案，请将正确答案的序号填在括号内）

1. 材料在绝对密实状态下单位体积内所具有的质量称为（　　）。

    A. 实际密度   B. 孔隙率

    C. 表观密度   D. 堆积密度

2. 颗粒材料的密度为 ρ、表观密度为 ρ'、堆积密度为 ρ_0'，则存在下列关系（　　）。

    A. $\rho > \rho_0' > \rho'$ B. $\rho' > \rho > \rho_0'$

    C. $\rho > \rho' > \rho_0'$ D. $\rho = \rho' = \rho_0'$

3. 含水率为 5% 的中砂 2 200 g，其干燥时的质量应是（　　）g。

    A. 2 100   B. 1 990

    C. 2 090   D. 1 910

4. 加气混凝土的密度为 2.55 g/cm^3，气干体积密度为 500 kg/m^3 时，其孔隙率应是( )。

A. 19.6% B. 94.9%

C. 5.1% D. 80.4%

5. 材料随着其开孔量的增多而增大的性能是( )。

A. 强度 B. 吸水率

C. 抗湿性 D. 密实度

6. 当材料的润湿边角 θ( )时，称为憎水性材料。

A. $90° < \theta \leqslant 180°$ B. $\leqslant 90°$

C. $= 0°$ D. $= 180°$

7. 通常材料的软化系数( )时，可认为是耐水材料。

A. 大于 0.80 B. 等于 0.70

C. 小于 0.80 D. 等于 0.85

8. 欲使建筑物室内尽可能冬暖夏凉，应选用外墙材料导热系数 λ 值和比热容 c 值的大小是( )。

A. λ 值小、c 值小 B. λ 值大、c 值大

C. λ 值小、c 值大 D. λ 值大、c 值小

9. 材料抵抗外力的能力分别称为抗拉、抗压、抗弯、抗剪强度。公式 $f = \dfrac{F}{A}$ 是用来计算( )。

A. 抗弯、抗剪强度 B. 抗弯、抗压强度

C. 抗弯、抗拉强度 D. 抗拉、抗压、抗剪强度

10. 混凝土的抗弯强度用( )公式来计算。

A. $f_{劈拉} = \dfrac{2F}{\pi A}$ B. $f_t = \dfrac{F}{A}$

C. $f_{tm} = \dfrac{3Fl}{2bh^2}$ D. $f_{cm} = \dfrac{Fl}{bh^2}$

三、多项选择题(下列各题中有 2～4 个正确答案，请将正确答案的序号填在括号内)

1. 根据材料的化学成分，可分为( )等几大类。

A. 无机材料 B. 有机材料

C. 复合材料 D. 结构材料

2. 玻璃属于( )材料。

A. 无机 B. 有机 C. 复合 D. 非金属

3. 根据建筑材料的使用功能，可分为（　　）等几大类。

    A. 结构材料   B. 复合材料

    C. 围护材料   D. 功能材料

4. 我国技术标准分为（　　）。

    A. 企业标准   B. 行业标准

    C. 国家标准   D. 地方标准

5. 建筑材料的微观结构基本上可分为（　　）等几类。

    A. 晶体   B. 玻璃体

    C. 胶体   D. 液体

6. 在不同的结构状态下，材料的密度又可分为（　　）。

    A. 实际密度   B. 表观密度

    C. 体积密度   D. 堆积密度

7. 根据其能否被水润湿，可将材料分为（　　）。

    A. 亲水性材料   B. 憎水性材料

    C. 无机材料   D. 有机材料

8. 材料的抗弯强度计算与试件受力情况、截面形状以及支承条件有关。公式 $f_{tm} = \dfrac{3Fl}{2bh^2}$ 可用来计算（　　）材料的抗弯强度。

    A. 钢筋   B. 混凝土

    C. 水泥   D. 烧结普通砖

9. 不同材料的硬度测定方法不同，通常采用的有（　　）。

    A. 刻画法   B. 冲击法

    C. 压入法   D. 截断法

10. 对材料耐久性产生破坏作用的因素很多，主要为（　　）。

    A. 物理作用   B. 化学作用

    C. 生物作用   D. 机械作用

四、判断题(请在正确的题后括号内打"√"，错误的打"×")

1. 建筑材料仅指构成建筑物本身的材料。   （　　）

2. 玻璃钢是一种强度非常高的钢材。   （　　）

3. 一般来说，玻璃体结构的材料具有化学活性高、无固定熔点、力学各向同性等共同特性。   （　　）

4. 材料的吸水性是指材料在空气中吸收水分的性质。　　　　　　（　　）

5. 把某种有孔的材料，置于不同湿度的环境中，分别测得其密度，其中以干燥条件下的密度最小。　　　　　　　　　　　　　　　　　　　　　　　　　　（　　）

6. 软化系数越大的材料，其耐水性能越差。　　　　　　　　　　　（　　）

7. 渗透系数越大的材料，其抗渗能力越强。　　　　　　　　　　　（　　）

8. 材料受潮或冰冻后，其导热系数都降低。　　　　　　　　　　　（　　）

9. 材料的孔隙率越大，其抗冻性越差。　　　　　　　　　　　　　（　　）

10. 相同种类的材料，其孔隙率越大，强度越低。　　　　　　　　　（　　）

11. 孔隙率大且为封闭孔，材料的导热系数小；粗大且贯通的孔，材料的导热系数会增大。　　　　　　　　　　　　　　　　　　　　　　　　　　　　　（　　）

12. 耐燃的材料一定是耐火材料。　　　　　　　　　　　　　　　　（　　）

13. 在材料抗压试验时，小试件较大试件的试验结果偏大。　　　　　（　　）

14. 材料进行强度试验时，加荷速度快者较加荷速度慢者的试验结果值偏大。（　　）

15. 一般来说，强度较高且密实的材料，其硬度较大，耐磨性较好。　（　　）

五、填空题

1. 材料的实际密度是指材料在_____状态下_____，用公式表示为_____。

2. 材料的体积密度是指材料在_____状态下_____，用公式表示为_____。

3. 材料的外观体积包括_____和_____两部分。

4. 材料的堆积密度是指_____材料在堆积状态下_____的质量，其大小与堆积的_____有关。

5. 材料孔隙率的计算公式是_____，式中 ρ 为材料的_____，ρ_0 为材料的_____。

6. 材料内部的孔隙分为_____孔和_____孔。一般情况下，材料的孔隙率越大，且连通孔隙越多的材料，则其强度越_____，吸水性、吸湿性越_____，导热性越_____，保温隔热性能越_____。

7. 材料空隙率的计算公式为_____，式中 ρ_0 为材料的_____密度，ρ_0' 为材料的_____密度。

8. 材料的耐水性用_____表示，其值越大，则耐水性越_____。一般认为，_____大于_____的材料称为耐水材料。

9. 材料的抗冻性用_____表示，抗渗性用_____表示，材料的导热性用_____表示。

10. 材料的导热系数越小，则材料的导热性越＿＿＿＿＿＿，保温隔热性能越＿＿＿＿＿＿。常将导热系数＿＿＿＿＿＿的材料称为绝热材料。

六、简答题

1. 材料有哪些结构层次？（举例说明）

2. 材料的孔隙率及孔隙特征与材料的表观密度、强度、抗渗性、抗冻性、导热性以及吸声性之间有何关系？

3. 何谓材料的实际密度、表观密度、体积密度和堆积密度？怎样进行计算？

4. 材料与水有关的性质有哪些？各用什么指标表示？含孔材料吸水后对其性能有何影响？

5. 材料的质量吸水率和体积吸水率有何不同？什么情况下采用体积吸水率来反映材料的吸水性？

6. 材料的抗渗性好坏主要与哪些因素有关？怎样提高材料的抗渗性？

7. 什么是材料的导热性？材料导热系数的大小与哪些因素有关？

8. 研究材料的热变形性能有何工程意义？

9. 何谓材料的弹性、塑性、脆性、韧性？（举例说明）

10. 材料的强度有哪些类型？（画出示意图）分别如何计算？单位如何？

11. 研究材料的比强度有何意义？

12. 如何理解材料的耐久性与其应用价值间的关系？

13. 生产材料时，在组成一定的情况下，可采取什么措施来提高材料的强度和耐久性？

七、计算题

1. 某一块材料的全干质量为 100 g，自然状态下的体积为 40 cm³，绝对密实状态下的体积为 33 cm³，计算该材料的实际密度、体积密度、孔隙率和密实度。

2. 一块烧结砖，基本尺寸符合要求 240 mm×115 mm×53 mm，烘干后的质量为 2 500 g，吸水饱和后质量为 2 900 g，将该砖磨细过筛，烘干后取 50 g，用比重瓶测得其体积为 18.5 cm³。试求该砖的吸水率、实际密度、体积密度及孔隙率。

3. 已知某材料的密度为 2.7 g/cm³，体积密度为 1 600 kg/m³，质量吸水率为 23%。试求：①吸水饱和后材料的体积密度；②材料的孔隙率及体积吸水率。

4. 某种岩石的试件，外形尺寸为 70 mm×70 mm×70 mm，测得该试件在干燥状态下、自然状态下、吸水饱和状态下的质量分别为 325 g、325.3 g、326.1 g，已知该岩石的密度为 2.68 g/cm³。试求该岩石的体积密度、孔隙率、体积吸水率、质量吸水率。

5. 工地上抽取卵石试样，烘干后称量 482 g 试样，将其放入装有水的量筒中吸水至饱和，水面由原来的 452 cm³ 上升至 630 cm³，取出卵石，擦干卵石表面水分，称量其质量为 487 g，试求该卵石的表观密度、体积密度及质量吸水率。

6. 有一个 1.5 L 的容器，平装满碎石后，碎石重为 2.55 kg。为测其碎石的表观密度，将所有碎石倒入一个 7.78 L 的量器中，向量器中加满水后称重为 9.36 kg，试求碎石的表观密度。若在碎石的空隙中又填以砂子，问可填多少升的砂子？

7. 公称直径为 20 mm 的钢筋做拉伸试验，测得其能够承受的最大拉力为 145 kN。计算钢筋的抗拉强度(精确至 1 MPa)。

第3章 石灰、石膏和水玻璃

3.1 学习要求

3.1.1 胶凝材料的基本概念

1. 应知

(1)胶凝材料的含义。

(2)胶凝材料的分类。

2. 应会

(1)胶凝材料的组成。

(2)胶凝材料的使用环境。

3.1.2 石灰

1. 应知

(1)建筑石灰的分类。

(2)欠火石灰和过火石灰的含义。

(3)石灰浆体的凝结硬化特点。

(4)建筑生石灰、建筑消石灰的技术准标。

2. 应会

(1)石灰的分类。

(2)生石灰的熟化与陈伏。

(3)石灰的应用。

3.1.3 石膏

1. 应知

(1)建筑石膏的生产方法和化学式。

(2)建筑石膏的水化机理和凝结硬化特点。

(3)建筑石膏的技术指标。

2. 应会

(1)建筑石膏的特性。

(2)建筑石膏的应用。

3.1.4 水玻璃

1. 应知

(1)水玻璃的化学式。

(2)水玻璃模数的含义,模数与水玻璃性质的关系。

(3)水玻璃的生产。

(4)水玻璃的固化剂及其硬化过程。

2. 应会

(1)水玻璃硬化后的性质。

(2)水玻璃的应用。

3.2 学习要点

3.2.1 胶凝材料的基本概念

胶凝材料是指能够通过自身的物理化学作用,从浆体变成坚硬的固体,并能把散粒(如砂、石)或块状(如砖、石块)材料胶结成一个整体的材料。根据化学成分,胶凝材料分为无机胶凝材料和有机胶凝材料两大类;根据凝结硬化条件和使用特性,无机胶凝材料又分为气硬性胶凝材料和水硬性胶凝材料两种。

(1)气硬性胶凝材料只能在空气中凝结硬化并保持和发展其强度，如石灰、石膏、水玻璃等。

(2)水硬性胶凝材料既能在空气中硬化，又能更好地在水中硬化并保持和发展其强度，如各类水泥。

3.2.2 石灰

1. 石灰的生产

石灰是由石灰岩煅烧而成。石灰岩的主要成分是碳酸钙($CaCO_3$)和碳酸镁($MgCO_3$)。石灰岩在适当温度(1 000 ℃～1 100 ℃)下煅烧，得到以 CaO 为主要成分的物质，即生石灰。生石灰按照煅烧程度不同可分为欠火石灰、过火石灰和正火石灰，在生产过程中因煅烧时间不足或过长，就会出现欠火石灰和过火石灰。

根据《建筑生石灰》(JC/T 479—2013)规定，生石灰按 MgO 的含量分为钙质生石灰[$w(MgO) \leqslant 5\%$]和镁质生石灰[$w(MgO) > 5\%$]。

根据熟化速度分为快熟石灰、中熟石灰和慢熟石灰。

根据加工方法不同，将石灰分为块状生石灰、磨细生石灰粉、消石灰粉、石灰膏和石灰浆。

2. 石灰的熟化和硬化

生石灰的熟化是指生石灰 CaO 加水反应生成 $Ca(OH)_2$ 的过程。生石灰熟化时放出大量的热，其体积膨胀 1.5～2.5 倍，熟化后的产物 $Ca(OH)_2$ 称为熟石灰或消石灰。为了保证石灰充分熟化，消除过火石灰的危害，石灰膏必须在储灰池中存放两周以上，这一过程称为石灰的"陈伏"。在陈伏期间，石灰浆体表面应保留一层水，以隔绝空气，防止碳化。

石灰熟化过程最显著的特点：一是熟化速度快；二是体积膨胀大；三是放出热量多。

石灰浆体的硬化包括结晶和碳化两个过程。

(1)结晶硬化过程：游离水分蒸发或被砌体吸收，$Ca(OH)_2$ 逐渐从饱和溶液中结晶析出，形成结晶结构网，强度不断增加。

(2)碳化硬化过程：$Ca(OH)_2$ 和空气中的 CO_2 反应，生成碳酸钙晶体，强度有所提高。

石灰硬化有两个显著特点：一是速度缓慢；二是体积收缩。

3. 建筑石灰的分类

根据《建筑生石灰》(JC/T 479—2013)规定，建筑生石灰按 MgO 的百分含量分为钙质石灰和镁质石灰两类；根据(CaO+MgO)的百分含量，钙质石灰分成 CL90、CL85 和 CL75三个等级，镁质石灰分成 ML85 和 ML80 两个等级。

根据《建筑消石灰》(JC/T 481—2013)规定，建筑消石灰按 MgO 的百分含量分为钙质消石灰和镁质消石灰两类；按扣除游离水和结合水后(CaO+MgO)的百分含量，钙质消石灰分成 HCL90、HCL85 和 HCL75 三个等级，镁质消石灰分成 HML85 和 HML80 两个等级。

4. 石灰的技术标准

(1)建筑生石灰的技术标准。根据《建筑生石灰》(JC/T 479—2013)规定，建筑生石灰的技术指标包括有效(氧化钙+氧化镁)(CaO+MgO)含量、氧化镁(MgO)含量、二氧化碳(CO_2)含量、三氧化硫(SO_3)含量和产浆量、细度等几部分。

石灰的主要成分是氧化钙，次要成分是氧化镁，它们的含量高低决定石灰产浆量多少和粘结能力大小，所以，有效(氧化钙+氧化镁)含量是评定石灰质量的重要指标。

(2)建筑消石灰的技术标准。根据《建筑消石灰》(JC/T 481—2013)规定，建筑消石灰的技术指标包括有效(氧化钙+氧化镁)(CaO+MgO)含量、氧化镁(MgO)含量、三氧化硫(SO_3)含量和游离水、细度、安定性等几部分。

5. 石灰的应用

(1)配制石灰砂浆和石灰乳。

(2)配制灰土和三合土。

(3)制作碳化石灰板。

(4)制作硅酸盐制品。

(5)配制无熟料水泥。

储存生石灰，不但要防止受潮，而且不宜久存，最好运到后立即熟化成石灰浆，变储存期为陈伏期。生石灰受潮熟化要放出大量的热，应将生石灰与易燃物分开保管，以免引起火灾。

3.2.3 石膏

1. 建筑石膏的生产

自然界存在有天然的无水石膏($CaSO_4$，又称硬石膏)和二水石膏($CaSO_4 \cdot 2H_2O$，又称软石膏或生石膏)。

建筑石膏是以天然二水石膏为原料，在 107 ℃~170 ℃时加热脱水，生成 β 型半水石膏($\beta\text{-}CaSO_4 \cdot \frac{1}{2}H_2O$)，经磨细而成的白色粉末状材料。

若二水石膏在125 ℃、0.13 MPa压力的蒸压锅内蒸炼，则生成α型半水石膏(α-CaSO$_4$ · $\frac{1}{2}$H$_2$O)，因其水化、硬化后强度较高，故称为高强石膏。

2. 建筑石膏的水化与硬化

半水石膏遇水后将重新水化生成二水石膏，其反应如下：

$$CaSO_4 \cdot \frac{1}{2}H_2O + \frac{3}{2}H_2O == CaSO_4 \cdot 2H_2O + 15.4 \text{ kJ}$$

随着浆体中自由水分因水化和蒸发而逐渐减少，浆体很快失去塑性而凝结；又随着二水石膏微粒结晶长大，晶体颗粒逐渐互相搭接、交错、共生，产生强度而硬化。建筑石膏凝结硬化过程有两个显著特点：一是速度快；二是体积微膨胀。

3. 建筑石膏的技术指标

建筑石膏的密度为2.6～2.75 g/cm^3，表观密度为800～1 100 kg/m^3。建筑石膏的技术指标主要有细度、强度和凝结时间。按强度和细度的差别，建筑石膏划分为优等品、一等品和合格品三个质量等级。

4. 建筑石膏的特性

(1)凝结硬化快。

(2)凝固时体积微膨胀。

(3)孔隙率大，表观密度小，绝热、吸声性能好，但质量轻、强度低。

(4)具有一定的调温调湿性。

(5)耐水性、抗冻性差。

(6)防火性好，但耐火性差。

(7)具有良好的装饰性和可加工性。

5. 建筑石膏的应用

(1)室内抹灰和粉刷：石膏洁白细腻，用于室内抹灰、粉刷，具有良好的装饰效果。

(2)制作石膏制品：制作石膏板(如纸面石膏板、纤维石膏板、石膏空心条板等)、各种浮雕和装饰品(如浮雕饰线、艺术灯圈、角花等)。

建筑石膏的保管应注意防水防潮，不宜长期存放。

3.2.4 水玻璃

1. 水玻璃的组成

水玻璃俗称泡花碱，是碱金属氧化物和二氧化硅结合而成的能溶解于水的一种硅酸盐材料。最常用的是硅酸钠水玻璃($Na_2O \cdot nSiO_2$)及硅酸钾水玻璃($K_2O \cdot nSiO_2$)。

化学式中的 n 称为水玻璃模数，代表 SiO_2 和 Na_2O(或 K_2O)的组成比。n 值越大，水玻璃的黏性和强度越高，溶解度越小；n 值越小，水玻璃的黏性和强度越低，溶解度越大，使用越方便。

2. 钠水玻璃的生产

生产水玻璃的方法有湿法和干法两种。

(1)湿法：用 $NaOH$ 溶解各种形态的 SiO_2 制成水玻璃。

(2)干法：在 1 300 ℃～1 400 ℃时加热石英粉(SiO_2)和纯碱(Na_2CO_3)，熔融而生成硅酸钠，冷却后即为固态钠水玻璃，反应式如下：

$$Na_2CO_3 + nSiO_2 == Na_2O \cdot nSiO_2 + CO_2 \uparrow$$

将固态水玻璃在一定的压力条件下，加热溶解就会制成液态的水玻璃。

3. 水玻璃的硬化

水玻璃硬化是吸收空气中 CO_2 析出无定形硅酸凝胶，因空气中 CO_2 的含量很少，这个过程进行速度很慢：

$$Na_2O \cdot nSiO_2 + CO_2 + mH_2O \longrightarrow nSiO_2 \cdot mH_2O + Na_2CO_3$$

为了加速水玻璃硬化，方法一是将水玻璃加热；方法二是加入氟硅酸钠(Na_2SiF_6)做硬化剂，适宜掺量为水玻璃质量的 $12\% \sim 15\%$，反应式如下：

$$2(Na_2O \cdot nSiO_2) + mH_2O + Na_2SiF_6 == (2n+1)SiO_2 \cdot mH_2O + 6NaF$$

4. 水玻璃硬化后的性质

(1)粘结力强。

(2)耐酸性好。

(3)耐热性高。

(4)耐碱性和耐水性差。

5. 水玻璃的用途

(1)涂刷或浸渍材料表面。须特别注意：水玻璃不得用来涂刷或浸渍石膏制品，因为水玻璃与石膏反应生成硫酸钠(Na_2SO_4)，在制品孔隙内结晶膨胀，导致石膏制品开裂破坏。

(2)加固地基和土壤，将水玻璃与氯化钙溶液交替注入土壤中，用于粉土、砂土和填土的地基加固，称为双液注浆。

（3）配制速凝防水剂，用于修补裂缝、堵漏。

（4）配制耐酸砂浆和耐酸混凝土。

（5）配制耐热砂浆和耐热混凝土。

3.3 基本训练

一、名词解释

胶凝材料　　　　　气硬性胶凝材料　　　　　水硬性胶凝材料

生石灰　　　　　　消石灰　　　　　　　　　石灰陈伏

建筑石膏　　　　　水玻璃模数

二、单项选择题（下列各题中只有一个正确答案，请将正确答案的序号填在括号内）

1. 生石灰是呈白色或灰色的块状物质，主要成分是（　　）。

　　A. $CaCO_3$　　　　　　　　　　　　　　B. $Ca(OH)_2$

　　C. $Ca(HCO_3)_2$　　　　　　　　　　　　D. CaO

2. 石灰硬化的理想环境条件是在（　　）中进行。

　　A. 自来水　　　　　B. 潮湿环境　　　　　C. 空气　　　　　D. 海水

3. 石灰硬化过程中，体积发生（　　）。

　　A. 较大收缩　　　　　　　　　　　　　　B. 膨胀

　　C. 微小收缩　　　　　　　　　　　　　　D. 没有变化

4. 石灰不适用的情况是（　　）。

　　A. 水中　　　　　B. 三合土　　　　　C. 混合砂浆　　　　　D. 粉刷墙壁

5. 为消除过火石灰危害所采取的措施是（　　）。

　　A. 碳化　　　　　B. 结晶　　　　　C. 焙烧　　　　　D. 陈伏

6. 石灰碳化后的强度增加，是因为形成了（　　）物质。

　　A. $CaCO_3$　　　　B. $Ca(OH)_2$　　　　C. $Ca(HCO_3)_2$　　　　D. CaS

7. 建筑石膏的分子式是（　　）。

　　A. $CaSO_4 \cdot 2H_2O$　　　　　　　　　　B. $CaSO_4 \cdot \frac{1}{2}H_2O$

　　C. $CaSO_4$　　　　　　　　　　　　　　D. CaO

8. 建筑石膏加水拌和后，与水发生水化反应生成（　　）。

A. $CaSO_4 \cdot \frac{1}{2}H_2O$ B. $CaSO_4$

C. CaO D. $CaSO_4 \cdot 2H_2O$

9. 水玻璃中常掺用的促硬剂是( )。

A. NaF B. SO_2

C. Na_2SiF_6 D. Na_2CO_3

10. 水玻璃在空气中吸收( )析出硅酸凝胶，凝胶因干燥而逐渐硬化。

A. H_2O B. Na_2SO_4

C. SiO_2 D. CO_2

三、多项选择题(下列各题中有 2～4 个正确答案，请将正确答案的序号填在括号内)

1. 建筑石膏凝结硬化过程最显著的特点是( )。

A. 速度快   B. 速度慢

C. 体积微膨胀   D. 体积收缩

2. 建筑石膏的技术要求主要有( )。

A. 细度   B. 凝结时间

C. 强度   D. 不溶物

3. 石灰熟化过程最显著的特点是( )。

A. 熟化速度快   B. 熟化速度慢

C. 体积膨胀大   D. 放出热量多

4. 石灰硬化过程最显著的特点是( )。

A. 速度快   B. 速度慢

C. 体积微膨胀   D. 体积收缩

5. 钠水玻璃的主要生产原料是( )。

A. 石英粉(SiO_2)   B. 纯碱(Na_2CO_3)

C. 石灰石($CaCO_3$)   D. 二水石膏($CaSO_4 \cdot 2H_2O$)

四、判断题(请在正确的题后括号内打"√"，错误的打"×")

1. 气硬性胶凝材料只能在空气中硬化，水硬性胶凝材料只能在水中硬化。   ( )

2. 过火石灰是指用火烧过的石灰。   ( )

3. 石灰"陈伏"是为了降低熟化时的放热量。   ( )

4. 石灰硬化时收缩值大，一般不宜单独使用。   ( )

5. 石灰的熟化过程就是加热。   ( )

6. 建筑石膏最突出的技术性质是凝结硬化快，且在硬化时体积略有膨胀。　　（　　）

7. 建筑石膏适用于水中结构。　　（　　）

8. 石灰凝结硬化慢，可加入 Na_2SiF_6 促硬。　　（　　）

9. 水玻璃的模数 n 值越大，则其在水中的溶解度越大。　　（　　）

10. 可用水玻璃溶液来涂刷或浸渍石膏制品，以提高其强度和抗风化能力。　　（　　）

五、填空题

1. 胶凝材料按化学成分分为_____和_____两类；无机胶凝材料按硬化条件和使用特性不同分为_____和_____两类。

2. 生石灰的熟化是指_____。熟化过程的特点：一是_____；二是_____；三是_____。

3. 生石灰按照煅烧程度不同可分为_____、_____和_____；按照 MgO 含量不同分为_____和_____。

4. 石灰浆体的硬化过程，包括_____和_____两个过程。

5. 根据加工方法不同，将石灰分为_____、_____、_____、_____、_____五种。

6. 建筑生石灰、建筑生石灰粉和建筑消石灰粉按照_____的含量划分为_____、_____和_____三个质量等级。

7. 建筑石膏的化学成分是_____，高强石膏的化学成分为_____，生石膏的化学成分为_____。

8. 水玻璃的特性是_____、_____、_____和_____。

9. 水玻璃的凝结硬化较慢，为了加速硬化，需要加入_____作为硬化剂，适宜掺量为_____。

六、简答题

1. 气硬性胶凝材料和水硬性胶凝材料有何区别？

2. 何为陈伏？在陈伏期间为什么要在石灰浆体表面保留一层水？

3. 石灰的熟化和硬化过程各有什么特点？

4. 石灰的用途如何？储存生石灰应注意哪些方面？

5. 建筑石膏是如何生产的？其主要化学成分是什么？

6. 建筑石膏与高强石膏的性能有何不同？

7. 建筑石膏有哪些特性和用途？

8. 水玻璃有哪些性质和用途？

第4章 水 泥

4.1 学习要求

4.1.1 通用水泥

1. 应知

(1)硅酸盐水泥：①硅酸盐水泥的定义、生产原料、熟料矿物组成；②硅酸盐水泥的水化产物；③硅酸盐水泥的技术要求：细度、凝结时间、体积安定性(含义、原因、检测)、强度等级；④硅酸盐水泥石的腐蚀种类(软水、酸、碱、盐等腐蚀)；⑤硅酸盐水泥的特性。

(2)掺混合材料的硅酸盐水泥：①混合材料的含义、种类和作用；②普通硅酸盐水泥的组成、技术要求和特性；③矿渣水泥、火山灰质水泥和粉煤灰水泥的组成、技术要求、共性和特性。

2. 应会

(1)硅酸盐水泥：①硅酸盐水泥熟料矿物组成对水泥性质的影响；②硅酸盐水泥强度等级的确定；③硅酸盐水泥石腐蚀产生的原因和防止措施；④硅酸盐水泥的适用范围。

(2)掺混合材料的硅酸盐水泥：①普通水泥强度等级的确定；②活性混合材料的水化作用机理；③矿渣水泥、火山灰质水泥和粉煤灰水泥的应用；④如何根据工程要求及所处环境选择通用水泥(硅酸盐水泥、普通水泥、矿渣水泥、火山灰质水泥、粉煤灰水泥和复合水泥)品种。

4.1.2 专用水泥

1. 应知

(1)专用水泥的含义。

(2)砌筑水泥、道路水泥和大坝水泥等专用水泥的含义和技术指标。

2. 应会

砌筑水泥、道路水泥和大坝水泥等专用水泥的应用。

4.1.3 特性水泥

1. 应知

(1)高铝水泥的含义和特性。

(2)快硬水泥、膨胀水泥和白色水泥等特性水泥的含义和技术要求。

2. 应会

(1)高铝水泥的水化特点和使用时应注意的问题。

(2)快硬水泥、膨胀水泥和白色水泥等特性水泥的应用。

4.1.4 水泥的包装和贮运

1. 应知

水泥的包装和贮运基本常识。

2. 应会

过期水泥的处理方法。

4.2 学习要点

4.2.1 通用水泥

水泥是指加水拌和成塑性浆体，能胶结砂、石等适当材料并能在空气和水中硬化的粉状水硬性胶凝材料。水泥按其用途和性能分为通用水泥、专用水泥和特性水泥三类；按其主要水硬性物质名称分为硅酸盐水泥、铝酸盐水泥、硫铝酸盐水泥、铁铝酸盐水泥、氟铝酸盐水泥等。

通用水泥是指一般建筑工程通常采用的水泥，主要有硅酸盐水泥、普通硅酸盐水泥、矿渣硅酸盐水泥、火山灰质硅酸盐水泥、粉煤灰硅酸盐水泥和复合硅酸盐水泥。

1. 硅酸盐水泥

硅酸盐水泥是由硅酸盐水泥熟料、0～5％的石灰石或粒化高炉矿渣、适量石膏共同磨细制成的水硬性胶凝材料。

硅酸盐水泥分两种类型：不掺混合材料的称Ⅰ型硅酸盐水泥，其代号为P·Ⅰ；在硅酸盐水泥熟料粉磨时掺加不超过水泥质量5％的石灰石或粒化高炉矿渣混合材料的称Ⅱ型硅酸盐水泥，其代号为P·Ⅱ。

（1）硅酸盐水泥的生产是以石灰石、黏土和铁矿石为原料，按一定比例配合，磨细成生料粉或生料浆，经均化后送入回转窑或立窑中煅烧至部分熔融，得到以硅酸钙为主要成分的水泥熟料，再与适量石膏共同磨细，即得到P·Ⅰ型硅酸盐水泥。其工艺流程简称为"两磨一烧"。

（2）水泥熟料矿物的组成及其特性见表4-1。

表4-1 水泥熟料矿物组成及其特性

矿物名称	硅酸三钙 （C_3S）	硅酸二钙 （C_2S）	铝酸三钙 （C_3A）	铁铝酸四钙 （C_4AF）
化学式	$3CaO \cdot SiO_2$	$2CaO \cdot SiO_2$	$3CaO \cdot Al_2O_3$	$4CaO \cdot Al_2O_3 \cdot Fe_2O_3$
质量含量	37％～60％	15％～37％	7％～15％	10％～18％
水化速度	快	慢	最快	快
水化热	大	小	最大	中
强度	高	早期低、后期高	低	低
耐腐蚀性	差	好	最差	中

由此可见，水泥是几种熟料矿物的混合物，改变矿物成分的比例，水泥性质就会发生相应的变化，可制成不同性能的水泥。例如，增加硅酸三钙的含量，可制成高强度水泥；降低铝酸三钙、硅酸三钙的含量，可制成水化热低的大坝水泥；提高铁铝酸四钙的含量，可制成抗折强度较高的道路水泥。

（3）水泥水化是指水泥熟料矿物分别与水发生化学反应，并伴有一定热量放出的过程。水泥浆逐渐变稠而失去塑性，但还不具有强度的过程，称为水泥的凝结；水泥浆凝结后，强度明显增大并逐渐发展成为坚硬固体的过程，称为水泥的硬化。水泥的水化反应如下：

$$2(3CaO \cdot SiO_2) + 6H_2O = 3CaO \cdot 2SiO_2 \cdot 3H_2O + 3Ca(OH)_2$$

$$2(2CaO \cdot SiO_2) + 4H_2O = 3CaO \cdot 2SiO_2 \cdot 3H_2O + Ca(OH)_2$$

$$3CaO \cdot Al_2O_3 + 6H_2O = 3CaO \cdot Al_2O_3 \cdot 6H_2O$$

$$4CaO \cdot Al_2O_3 \cdot Fe_2O_3 + 7H_2O = 3CaO \cdot Al_2O_3 \cdot 6H_2O + CaO \cdot Fe_2O_3 \cdot H_2O$$

为了调节水泥的凝结时间，掺入适量石膏，这些石膏与反应最快的铝酸三钙的水化产物作用生成难溶的水化硫铝酸钙，覆盖于未水化的铝酸三钙周围，阻止其继续快速水化。

$$3CaO \cdot Al_2O_3 \cdot 6H_2O + 3(CaSO_4 \cdot 2H_2O) + 19H_2O = 3CaO \cdot Al_2O_3 \cdot 3CaSO_4 \cdot 31H_2O$$

综上所述，硅酸盐水泥与水作用后，主要水化产物有水化硅酸钙和水化铁酸钙凝胶和氢氧化钙、水化铝酸钙、水化硫铝酸钙晶体。在完全水化的水泥石中，水化硅酸钙凝胶体约占 70%，氢氧化钙晶体约占 20%，钙矾石和单硫型水化硫铝酸钙约占 7%。

（4）硅酸盐水泥的技术要求由化学指标和物理指标两项内容构成，物理指标包括细度、凝结时间、体积安定性和强度等级。

1）细度。细度是指水泥颗粒的粗细程度，是影响水泥性能的重要指标。颗粒越细，水泥水化反应速度越快，水泥石的早期强度越高，但硬化收缩较大，且在储运过程中易受潮而降低活性，因此水泥细度应适当。国家标准规定，硅酸盐水泥的细度以比表面积表示，应不小于 300 m^2/kg，否则为不合格品。

2）凝结时间。凝结时间分初凝时间和终凝时间。初凝时间是指水泥从开始加水拌和起至水泥浆开始失去可塑性所需的时间；终凝时间是指从水泥开始加水拌和起至水泥浆完全失去可塑性，并开始产生强度所需的时间。国家标准规定，硅酸盐水泥初凝时间不得早于45 min，终凝时间不得迟于 390 min。初凝时间不达标为废品，终凝时间不达标为不合格。

3）体积安定性。体积安定性是指水泥浆硬化后体积变化的均匀性。水泥浆体在硬化过程中或硬化后发生不均匀的体积膨胀，导致水泥石开裂、翘曲等现象，称为体积安定性不良。

引起水泥体积安定性不良的原因主要有三种，即水泥中游离的氧化钙过多、游离的氧化镁过多或掺入的石膏过多。

安定性测定的方法有沸煮法和压蒸法两种。沸煮法用于检测由游离的氧化钙引起的安定性不良；压蒸法用于检测由游离的氧化镁引起的安定性不良。国家标准规定，沸煮法必须合格。

由石膏或三氧化硫引起的体积安定性不良，需长期在常温水中才能发现，不便于检测，国家标准规定不做检验，生产时限制水泥中三氧化硫的含量不得超过 3.5%。

体积安定性不良的水泥应做废品处理，不得使用。

4）强度等级。水泥的强度是表征水泥力学性质的重要指标。《水泥胶砂强度检验方法（ISO 法）》（GB/T 17671—1999）规定，将水泥、ISO 标准砂和水按 1∶3∶0.5 的比例，用标准制作方法制成 40 mm×40 mm×160 mm 的棱柱试件 3 块，试件连模一起在湿气中养护

24 h，然后脱模在温度为(20±1)℃的水中养护，分别测定其 3 d 和 28 d 的抗折强度、抗压强度。

根据硅酸盐水泥 3 d 和 28 d 的抗折强度、抗压强度，分为 42.5、42.5R、52.5、52.5R、62.5、62.5R 六个强度等级。

(5)水泥石腐蚀是指水泥石长期处在流动淡水、酸性溶液、强碱等侵蚀性介质中，其强度逐渐下降甚至破坏的现象。腐蚀的种类主要有软水侵蚀、酸类腐蚀、强碱腐蚀和盐类腐蚀。

1)软水侵蚀。当水泥石长期与流动淡水接触时，水泥水化产物中的氢氧化钙会逐渐被水溶解，产生溶出性侵蚀，最终导致水泥石破坏。

2)酸类腐蚀。工业废水和地下水中，常含盐酸、硫酸、碳酸、醋酸、蚁酸等，它们与水泥石中的氢氧化钙作用生成的化合物，或者易溶于水，或者体积膨胀而导致水泥石破坏。

例如，硫酸与水泥石中的 $Ca(OH)_2$ 作用生成石膏：

$$H_2SO_4 + Ca(OH)_2 = CaSO_4 \cdot 2H_2O$$

一是石膏直接在水泥石中结晶，产生体积膨胀；二是石膏再与水化铝酸钙作用，生成高硫型水化硫铝酸钙，即钙矾石，因其体积增大约 1.5 倍，对已硬化的水泥石破坏性极大。因高硫型水化硫铝酸钙呈针状晶体，故俗称"水泥杆菌"。

3)强碱腐蚀。碱类溶液如果浓度不大时一般是无害的，但铝酸盐含量较高的硅酸盐水泥遇到强碱作用后也会破坏。例如，氢氧化钠可与水泥石中的水化铝酸钙作用，生成易溶的铝酸钠，形成溶出性腐蚀。

4)盐类腐蚀。海水和地下水中常含有氯化镁和硫酸镁，它们与水泥石中的 $Ca(OH)_2$ 发生反应，生成无胶结能力的 $Mg(OH)_2$ 和易溶于水的 $CaCl_2$、$CaSO_4 \cdot 2H_2O$，均能使水泥石强度降低或破坏。同时，尚未溶出的硫酸钙与水泥石中的水化铝酸钙反应生成钙矾石，引起膨胀破坏。因此，硫酸镁对水泥石起着镁盐和硫酸盐的双重腐蚀作用。

水泥石受腐蚀的基本原因：一是内部因素，水泥石中存在易被腐蚀的化学成分氢氧化钙和水化铝酸钙；水泥石本身不密实，存在孔隙和毛细管道。二是外部因素，有能产生腐蚀的介质和环境条件。

防止腐蚀的措施：第一，根据工程所处环境，选用适当品种的水泥；第二，增加水泥制品的密实度，减少侵蚀介质的渗透；第三，加做保护层。

(6)硅酸盐水泥的特性与应用。①快凝快硬强度高，适合用于配制高强度混凝土、预应力混凝土以及对早期强度要求高的混凝土工程；②水化放热大，不得用于大体积混凝土工程；③耐腐蚀性差，不宜用于常与流动软水接触的工程、压力水作用的工程、受海水作用的工程；④抗碳化能力强，特别适用于裸露在自然环境中的钢筋混凝土构件；⑤耐磨性能好，适用于道路、地面等对耐磨性要求高的工程；⑥抗冻性能好，适用于严寒地区受反复冻融作用的混凝土工程；⑦耐热性差，不宜用于耐热混凝土工程。

2. 掺混合材料的硅酸盐水泥

掺混合材料的硅酸盐水泥是指在硅酸盐水泥熟料中掺加适量的混合材料，并与适量石膏共同磨细制成的水硬性胶凝材料，主要有普通硅酸盐水泥、矿渣硅酸盐水泥、粉煤灰硅酸盐水泥、火山灰质硅酸盐水泥和复合硅酸盐水泥五种。

(1)混合材料是指在水泥生产过程中，为改善水泥性能、调节水泥强度等级，加到水泥中的天然或人工矿物质材料。根据其性能可分为活性混合材料和非活性混合材料。

活性混合材料是指在常温下能与石灰和水发生水化反应，生成水硬性的水化产物并逐渐凝结硬化产生强度的矿物质材料。水泥中常用的活性混合材料多为工业废渣或天然矿物材料，如粒化高炉矿渣、粉煤灰、火山灰质材料等。

活性混合材料的矿物成分主要是活性 SiO_2 和 Al_2O_3，它们与水泥熟料的水化产物氢氧化钙发生反应，生成水化硅酸钙和水化铝酸钙，称为二次水化反应。这样，减少了水泥水化产物氢氧化钙的含量，相应提高了水泥石的抗腐蚀性能。

非活性混合材料是指在水泥中主要起填充作用而又不损害水泥性能的矿物质材料，其目的在于调整水泥强度、增加水泥产量和降低水化热。常用的有磨细的石英砂、慢冷矿渣、石灰石粉等。

(2)掺混合材料硅酸盐水泥的组成见表 4-2。

表 4-2　掺混合材料硅酸盐水泥的组分

品　　种	代　　号	组分/%			
		熟料＋石膏	粒化高炉矿渣	火山灰质混合材料	粉煤灰
普通水泥	P·O	≥80 且<95		>5 且≤20	
矿渣水泥	P·S·A	≥50 且<80	>20 且≤50	—	—
	P·S·B	≥30 且<50	>50 且≤70	—	—
火山灰质水泥	P·P	≥60 且<80	—	>20 且≤40	—
粉煤灰水泥	P·F	≥60 且<80	—	—	>20 且≤40
复合水泥	P·C	≥50 且<80	>20 且≤50		

(3)掺混合材料硅酸盐水泥的技术要求：①普通水泥的细度与硅酸盐水泥相同，比面积不小于 300 m^2/kg；初凝时间不小于 45 min，终凝时间不大于 600 min；体积安定性要求，

沸煮法必须合格；根据 3 d 和 28 d 的抗折和抗压强度，普通水泥分为 42.5、42.5R、52.5、52.5R 四个强度等级。②矿渣水泥、火山灰质水泥、粉煤灰水泥和复合水泥的细度以筛余表示，80 μm 方孔筛筛余不大于 10%或 45 μm 方孔筛筛余不大于 30%；凝结时间与普通水泥要求相同；体积安定性要求，沸煮法必须合格；根据 3 d 和 28 d 的抗折和抗压强度，分为 32.5、32.5R、42.5、42.5R、52.5、52.5R 六个强度等级。

（4）掺混合材料硅酸盐水泥的共性：①普通水泥与硅酸盐水泥相比：早期强度略低、水化热有所降低、耐腐蚀性稍有提高、耐热性稍好，但耐久性略有降低。普通水泥适用于地下、地上和静水中的混凝土，钢筋混凝土及预应力混凝土，较高强度混凝土，较快硬的混凝土，较耐磨的混凝土和冬期施工混凝土。②矿渣水泥、火山灰质水泥、粉煤灰水泥与硅酸盐水泥或普通水泥相比：抗腐蚀能力强；水化热低；凝结硬化慢、早期强度低、后期强度发展快；适合蒸汽养护；抗冻性差；抗碳化能力差。

（5）掺混合材料硅酸盐水泥的个性：①矿渣水泥具有良好的耐热性，适用于高温车间、高炉基础等耐热工程。但保水性差、干缩性大，硬化后容易产生较大的干缩裂缝。②火山灰质水泥具有良好的抗渗性，但干燥收缩大，不宜在干燥环境中使用。③粉煤灰水泥干缩性小，抗裂性高。④复合水泥综合性质好、耐腐蚀性好、水化热小、抗渗性好，早期强度大于同强度等级的矿渣水泥、火山灰质水泥和粉煤灰水泥。

4.2.2 专用水泥

专用水泥是指具有专门用途的水泥，如砌筑水泥、道路水泥、大坝水泥等。

1. 砌筑水泥

砌筑水泥是指由活性混合材料，加入适量硅酸盐水泥熟料和石膏，磨细制成主要用于配制砌筑砂浆的低强度等级水泥，代号为 M。砌筑水泥分为 12.5 和 22.5 两个强度等级，初凝时间不早于 60 min，终凝时间不迟于 720 min。砌筑水泥的强度较低，不能用于钢筋混凝土或结构混凝土，主要用于工业与民用建筑的砌筑和抹灰砂浆、垫层混凝土等。

2. 道路水泥

以适当成分的生料烧至部分熔融，所得以硅酸钙为主要成分和较多量铁铝酸盐的硅酸盐水泥熟料称为道路硅酸盐水泥熟料。道路水泥是指由道路硅酸盐水泥熟料，0～10%活性混合材料和适量石膏磨细制成的水硬性胶凝材料，代号为 P·R。道路水泥分为 32.5、42.5 和 52.5 三个强度等级，比表面积为 300～450 m²/kg，初凝时间不早于 90 min，终凝时间不迟于 600 min。

道路水泥具有色泽美观、需水量少、抗折强度高，耐磨性、保水性及和易性好，抗冻性、外加剂适应性强等优点。主要用于高速公路、机场跑道、大跨度建设等。

3. 大坝水泥

大坝水泥是指水化过程中释放水化热量较低的适用于浇筑坝体等大体积结构的硅酸盐类水泥。其比表面积不小于 250 m^2/kg，初凝时间不早于 60 min，终凝时间不迟于 720 min。常用的大坝水泥有中热水泥、低热水泥和低热矿渣水泥等。大坝水泥具有水化热低、抗硫酸盐性能强、干缩小、耐磨性好等优点，主要用于大坝、大体积建筑物和厚大的基础等工程，可以克服因水化热引起温度应力而导致的混凝土破坏。

4.2.3 特性水泥

特性水泥是指某种性能比较突出的水泥，如铝酸盐水泥、快硬硅酸盐水泥、膨胀水泥和白色硅酸盐水泥等。

1. 铝酸盐水泥

铝酸盐水泥是以铝矾土和石灰石为原料，经高温煅烧制得以铝酸钙为主、氧化铝含量大于 50％的熟料，经磨细制成的水硬性胶凝材料，代号为 CA。它是一种快硬、早强、耐腐蚀、耐热的水泥。

(1)铝酸盐水泥的水化反应。

当温度低于 20 ℃时：$CaO \cdot Al_2O_3 + 10H_2O \Longrightarrow CaO \cdot Al_2O_3 \cdot 10H_2O$

当温度处于 20 ℃～30 ℃时：$2(CaO \cdot Al_2O_3) + 11H_2O \Longrightarrow 2CaO \cdot Al_2O_3 \cdot 8H_2O + Al_2O_3 \cdot 3H_2O$

当温度高于 30 ℃时：$3(CaO \cdot Al_2O_3) + 12H_2O \Longrightarrow 3CaO \cdot Al_2O_3 \cdot 6H_2O + 2(Al_2O_3 \cdot 3H_2O)$

在较低温度下，水化物主要是 CAH_{10} 和 C_2AH_8，呈细长针状和板状结晶连生体，形成骨架。析出的氢氧化铝凝胶填充于骨架空隙中，形成密实的水泥石。所以，高铝水泥水化后密实度大、强度高。

需要指出的是，CAH_{10} 和 C_2AH_8 都是不稳定的，随温度升高会逐步转化为 C_3AH_6。晶体转变的结果，使水泥石析出游离水，孔隙率增大，强度由高变低。

(2)铝酸盐水泥的特性：快硬、早强，后期强度下降，在结构工程中应慎重使用；水化热高、放热快，不适用于大体积混凝土工程；耐硫酸盐腐蚀能力强，密实不透水，但对碱的侵蚀无抵抗能力；耐热性好，是因为在高温下各组分发生固相反应成烧结状态，代替了水泥的水化结合。

应用时必须注意，铝酸盐水泥硬化后由于晶体转化，长期强度下降幅度大（比早期最高强度下降约 40%），不宜用于长期承重的结构。铝酸盐水泥不得与硅酸盐水泥、石灰等能析出 $Ca(OH)_2$ 的材料混合使用，如遇到 $Ca(OH)_2$ 将出现"闪凝"，无法施工，而且硬化后强度很低。

铝酸盐水泥的特点可归纳为：硬化快、早强、放热大、耐水耐酸不耐碱、致密抗渗耐高温，不宜高温季节使用，不能与石灰质混用。

2. 快硬硅酸盐水泥

快硬硅酸盐水泥是指由硅酸盐水泥熟料加入适量石膏，磨细制成的早期强度高的以 3 d 抗压强度表示强度等级的水泥，简称快硬水泥。

快硬水泥分为 32.5、37.5 和 42.5 三个强度等级，细度要求 0.080 mm 方孔筛筛余不得超过 10%。初凝时间不早于 45 min，终凝时间不迟于 600 min。

快硬水泥具有早期强度增进率高的特点，其 3 d 抗压强度可达到强度等级，后期强度仍有一定增长。主要用于紧急抢修工程、军事工程、冬期施工工程，也用于制造预应力钢筋混凝土或混凝土预制构件。

3. 膨胀水泥

膨胀水泥是指在凝结硬化过程中体积产生膨胀的水泥，通常由胶凝材料和膨胀剂混合而成。膨胀剂在水化过程中形成具有膨胀性的钙矾石晶体导致体积稍有胀大。

膨胀水泥按胶结材料不同，可分为硅酸盐型、铝酸盐型和硫铝酸盐型膨胀水泥；按膨胀值不同，可分为收缩补偿水泥和自应力水泥两类。

4. 白色硅酸盐水泥

白色硅酸盐水泥是指由氧化铁含量少的硅酸盐水泥熟料加入适量石膏，磨细制成的水硬性胶凝材料，简称白水泥。白水泥分为 32.5、42.5、52.5、62.5 四个强度等级，根据白度和强度等级分为优等品、一等品、合格品三个等级。初凝时间不早于 45 min，终凝时间不迟于 720 min。体积安定性，沸煮法必须合格。

白水泥粉磨时加入耐碱矿物颜料即可制得彩色硅酸盐水泥。彩色水泥分为 27.5、32.5、42.5 三个强度等级，基本颜色有红色、黄色、蓝色、绿色、棕色和黑色，初凝时间不早于 60 min，终凝时间不迟于 600 min。白色水泥和彩色水泥主要用于建筑装饰工程和装饰制品的生产。

4.2.4　水泥的包装和贮运

水泥可以散装或袋装，袋装水泥每袋净含量为 50 kg，且应不少于标志质量的 99%；随机抽取 20 袋总质量（含包装袋）应不少于 1 000 kg。水泥包装袋应符合《水泥包装袋》（GB

9774—2010)的规定。

水泥在运输与贮存时不得受潮和混入杂物，不同品种和强度等级的水泥在贮运中避免混杂。存放期一般不得超过 3 个月，因为即使在贮存良好的条件下，水泥也会慢慢吸收空气中的水分受潮结块而丧失强度。

4.3 基本训练

一、名词解释

通用水泥	硅酸盐水泥	水泥的凝结和硬化
水泥的体积安定性	水泥石腐蚀	水泥杆菌
混合材料	砌筑水泥	铝酸盐水泥

二、单项选择题(下列各题中只有一个正确答案，请将正确答案的序号填在括号内)

1. 复合水泥在水泥分类中属于( )。

    A. 专用水泥   B. 特性水泥

    C. 通用水泥

2. 道路水泥在水泥分类中属于( )。

    A. 通用水泥   B. 专用水泥

    C. 特性水泥

3. 硅酸盐水泥分为两种类型，不掺加混合材料的硅酸盐水泥代号为( )。

    A. P·O   B. P·I

    C. P·Ⅱ   D. P·F

4. 硅酸盐水泥熟料矿物中，水化热最高的是( )。

    A. C_3S B. C_2S

    C. C_3A D. C_4AF

5. 硅酸盐水泥的水化产物中，含量最多的是( )。

    A. 水化硅酸钙   B. 水化铁酸钙

    C. 氢氧化钙   D. 水化铝酸钙

6. 为了延缓水泥的凝结时间，在生产水泥时必须掺入适量( )。

    A. 石灰   B. 石膏

    C. 助磨剂   D. 水玻璃

7. 对于通用水泥，（　　）指标不符合标准规定为废品。

    A. 终凝时间

    B. 混合材料掺量

    C. 体积安定性

    D. 包装标志

8. 用沸煮法检验水泥体积安定性，只能检查出（　　）的影响。

    A. 游离 CaO

    B. 游离 MgO

    C. 石膏

    D. SO_3

9. 最新《水泥胶砂强度检验方法（ISO法）》规定，试件材料的配合比水泥：砂：水为（　　）。

    A. 1：3：0.5

    B. 1：2.5：0.5

    C. 1：2.5：0.46

    D. 1：3：0.44

10. 水泥胶砂试件标准养护温度为（　　）。

    A. (20±1)℃

    B. (20±2)℃

    C. (25±1)℃

    D. (25±2)℃

11. 水泥胶砂强度试验三条试体 28 d 抗折强度分别为 7.0 MPa、9.0 MPa 和 7.0 MPa，则抗折强度试验结果为（　　）MPa。

    A. 7.0

    B. 7.7

    C. 9.0

    D. 8.0

12. 目前国产硅酸盐水泥的最高强度等级为（　　）级。

    A. 42.5

    B. 52.5

    C. 62.5

    D. 72.5

13. 在水泥品种中 R 表示（　　）水泥。

    A. 普通型

    B. 普通硅酸盐

    C. 早强型

    D. 硅酸盐

14. 下列材料中，属于非活性混合材料的是（　　）。

    A. 石灰石粉

    B. 粒化矿渣

    C. 火山灰质

    D. 粉煤灰

15. 复合水泥中混合材料总掺加量按质量百分比不得超过（　　）。

    A. 30%

    B. 40%

    C. 50%

    D. 60%

16. 五种常用水泥中（　　）的耐热性最好。

    A. 硅酸盐水泥

    B. 普通硅酸盐水泥

C. 粉煤灰水泥   D. 矿渣水泥

17. 有硫酸盐腐蚀的混凝土工程应优先选择(　　)。

  A. 硅酸盐水泥   B. 普通水泥

  C. 矿渣水泥   D. 铝酸盐水泥

18. 有耐热要求的混凝土工程，应优先选择(　　)。

  A. 硅酸盐水泥   B. 矿渣水泥

  C. 火山灰质水泥   D. 粉煤灰水泥

19. 有抗渗要求的混凝土工程，应优先选择(　　)。

  A. 硅酸盐水泥   B. 矿渣水泥

  C. 火山灰质水泥   D. 粉煤灰水泥

20. 对于大体积混凝土工程，应选择(　　)。

  A. 硅酸盐水泥   B. 普通水泥

  C. 矿渣水泥   D. 铝酸盐水泥

21. 有抗冻要求的混凝土工程，宜优先选择(　　)。

  A. 矿渣水泥   B. 火山灰质水泥

  C. 粉煤灰水泥   D. 普通水泥

22. 严寒地区的露天混凝土工程，不宜选用(　　)水泥。

  A. 硅酸盐水泥   B. 粉煤灰水泥

  C. 普通水泥   D. 铝酸盐水泥

23. 紧急抢救工程宜选用(　　)。

  A. 硅酸盐水泥   B. 普通水泥

  C. 硅酸盐膨胀水泥   D. 快硬硅酸盐水泥

24. 有耐磨要求的混凝土工程，宜优先选择(　　)。

  A. 矿渣水泥   B. 火山灰质水泥

  C. 粉煤灰水泥   D. 普通水泥

25. 通用水泥的储存期不宜过长，一般不超过(　　)。

  A. 一年   B. 六个月

  C. 一个月   D. 三个月

三、多项选择题(下列各题中有 2～4 个正确答案，请将正确答案的序号填在括号内)

1. 生产硅酸盐水泥熟料的主要原料有(　　)。

  A. 石灰石   B. 花岗石

C. 黏土　　　　　　　　　　　　　　　　D. 铁矿石

2. 硅酸盐水泥熟料的矿物组成有（　　）。

  A. 硅酸三钙　　　　　　　　　　　　B. 硅酸二钙

  C. 铝酸三钙　　　　　　　　　　　　D. 铁铝酸四钙

3. 硅酸盐水泥矿物组成中，（　　）是强度的主要来源。

  A. 硅酸三钙　　　　　　　　　　　　B. 硅酸二钙

  C. 铝酸三钙　　　　　　　　　　　　D. 铁铝酸四钙

4. 在生产硅酸盐水泥时，提高（　　）的含量，可以制得高抗折强度的道路水泥。

  A. 硅酸三钙　　　　　　　　　　　　B. 硅酸二钙

  C. 铝酸三钙　　　　　　　　　　　　D. 铁铝酸四钙

5. 硅酸盐水泥水化产物中呈凝胶状态的物质是（　　）。

  A. 水化硅酸钙　　　　　　　　　　　B. 水化铁铝酸钙

  C. 钙矾石　　　　　　　　　　　　　D. 氢氧化钙

6. 对于通用水泥，（　　）指标不符合标准规定的，为废品。

  A. 细度　　　　　　　　　　　　　　B. 初凝时间

  C. 终凝时间　　　　　　　　　　　　D. 体积安定性

7. 对于通用水泥，（　　）指标不符合标准规定的，为不合格品。

  A. 细度　　　　　　　　　　　　　　B. 初凝时间

  C. 终凝时间　　　　　　　　　　　　D. 体积安定性

8. 水泥石的腐蚀主要包括（　　）等。

  A. 软水侵蚀　　　　　　　　　　　　B. 盐类腐蚀

  C. 酸类腐蚀　　　　　　　　　　　　D. 强碱腐蚀

9. 水泥中常用的活性混合材料主要有（　　）等。

  A. 粒化高炉矿渣　　　　　　　　　　B. 粉煤灰

  C. 火山灰质材料　　　　　　　　　　D. 石灰石粉

10. 矿渣硅酸盐水泥的适用范围是（　　）。

  A. 地下、水中和海水工程　　　　　　B. 蒸汽养护混凝土工程

  C. 高温受热和大体积工程　　　　　　D. 冬期施工混凝土工程

四、判断题(请在正确的题后括号内打"√"，错误的打"×")

1. 不掺混合材料的硅酸盐水泥是 P·F 型硅酸盐水泥。　　　　　　　　　　　（　　）

2. 硅酸盐水泥适用于大体积混凝土施工。　　　　　　　　　　　　　　　　（　　）

3. 硅酸盐水泥中 C_2S 的早期强度低，后期强度高，而 C_3S 正好相反。　　（　　）

4. 硅酸盐水泥中含有 CaO、MgO 和过多的石膏都会造成水泥的体积安定性不良。
　　　　　　　　　　　　　　　　　　　　　　　　　　　　　　（　　）

5. 用沸煮法可以全面检验硅酸盐水泥的体积安定性是否良好。　　　　（　　）

6. 硅酸盐水泥的细度越细越好。　　　　　　　　　　　　　　　　　（　　）

7. 抗渗性要求高的混凝土工程，不宜选用矿渣硅酸盐水泥。　　　　　（　　）

8. 按现行标准规定，硅酸盐水泥的初凝时间不迟于 45 min。　　　　（　　）

9. 因为水泥是水硬性的胶凝材料，所以运输和储存中均不需防潮防水。（　　）

10. 所有水泥石的强度都是随着时间的延续而逐渐提高的。　　　　　（　　）

11. 铝酸盐水泥具有快硬、早强的特点，但后期强度有可能降低。　　（　　）

12. 铝酸盐水泥不得与硅酸盐水泥、石灰等能析出 $Ca(OH)_2$ 的材料混合使用，否则将出现"闪凝"。　　　　　　　　　　　　　　　　　　　　　　　　（　　）

13. 凡细度、终凝时间、不溶物和烧失量中任一项不符合标准时，称为废品水泥。
　　　　　　　　　　　　　　　　　　　　　　　　　　　　　　（　　）

14. 水泥生产工艺中加入石膏主要是为了提高产量。　　　　　　　　（　　）

15. 膨胀水泥是指在凝结硬化过程中体积产生膨胀的水泥，通常由胶凝材料和膨胀剂混合而成。　　　　　　　　　　　　　　　　　　　　　　　　　　　（　　）

五、填空题

1. 建筑工程中通用水泥主要包括_____、_____、_____、_____、_____和_____六大品种。

2. 硅酸盐水泥是由_____、_____、_____经磨细制成的水硬性胶凝材料，按是否掺入混合材料分为_____和_____，代号分别为_____和_____。

3. 硅酸盐水泥中 MgO 含量不得超过_____，如果水泥经蒸压安定性试验合格，则允许放宽到_____。SO_3 的含量不超过_____；硅酸盐水泥中的不溶物含量，Ⅰ型硅酸盐水泥不超过_____，Ⅱ型硅酸盐水泥不超过_____。

4. 国家标准规定，硅酸盐水泥的初凝时间不早于_____ min，终凝时间不迟于_____ min。

5. 硅酸盐水泥的强度等级有_____、_____、_____、_____、_____和_____6个。其中 R 型为_____，主要是其_____d 强度较高。

6. 混合材料按其性能分为_____和_____两类。

7. 普通硅酸盐水泥是由_____、_____和_____磨细制成的水硬性胶凝材料。

8. 普通水泥、矿渣水泥、粉煤灰水泥和火山灰质水泥的强度等级有_____、_____、_____、_____和_____。其中 R 型为_____。

9. 普通水泥、矿渣水泥、粉煤灰水泥和火山灰质水泥的性能，国家标准规定：

①细度：通过_____的方孔筛筛余量不超过_____；

②凝结时间：初凝不早于_____ min，终凝不迟于_____ min；

③SO₃ 含量：矿渣水泥不超过_____，其他水泥不超过_____；

④体积安定性：经过_____法检验必须_____。

10. 矿渣水泥与普通水泥相比，其早期强度较_____，后期强度的增长较_____，抗冻性较_____，抗硫酸盐腐蚀性较_____，水化热较_____，耐热性较_____。

六、简答题

1. 什么是硅酸盐水泥熟料？其主要矿物成分是什么？各有什么特点？

2. 什么是水泥的体积安定性？产生安定性不良的原因是什么？

3. 怎样判断通用水泥为废品和不合格品？

4. 什么是水泥的混合材料？在硅酸盐水泥中掺混合材料起什么作用？

5. 矿渣水泥、粉煤灰水泥、火山灰质水泥与硅酸盐水泥或普通水泥相比，三种水泥的共同特性是什么？

6. 引起水泥石腐蚀的原因是什么？怎样防止水泥石腐蚀？

7. 道路水泥、大坝水泥和铝酸盐水泥各有什么特点？

8. 仓库内有三种白色胶凝材料，它们是生石灰粉、建筑石膏和白水泥，用什么简易方法可以辨别？

9. 过期或受潮的水泥如何处理？

七、计算题

1. 称取 25 g 某矿渣水泥做细度试验，称得 80 μm 方孔筛的筛余量为 2.0 g。请问该水泥的细度是否达到标准要求？

2. 某普通水泥已测得其 3 d 的抗折、抗压强度分别为 4.2 MPa、21.5 MPa；现又测得 28 d 抗折破坏荷载为 2.850 kN、3.020 kN、3.570 kN，抗压破坏荷载为 82.6 kN、83.2 kN、83.2 kN、87.0 kN、86.4 kN、85.1 kN。试评定其强度等级。

第5章 混凝土

5.1 学习要求

5.1.1 普通混凝土

1. 应知

(1)普通混凝土的概念和组成材料：①混凝土的含义和分类；②混凝土组成材料的作用；③水泥强度等级的选择；④粗、细集料的含义和种类；⑤集料粗细程度和颗粒级配的含义和表示方法；⑥针、片状颗粒对混凝土质量的影响；⑦粗集料强度的表示方法；⑧混凝土拌合用水的基本要求。

(2)普通混凝土的主要性质：①和易性(流动性、黏聚性、保水性)的含义、测定方法和影响因素，恒定用水量法则的含义；②混凝土抗压强度试验方法、强度等级和影响因素；③混凝土耐久性的含义和内容，碱-集料反应产生的条件与防止措施。

(3)普通混凝土配合比设计：①混凝土配合比的表示方法；②混凝土配合比设计的基本要求；③混凝土配合比设计的基本步骤。

2. 应会

(1)普通混凝土的概念和组成材料：①根据筛分结果，评定细集料的粗细程度和颗粒级配；②粗集料最大粒径的选择。

(2)普通混凝土的主要性质：①混凝土拌合物的坍落度的选择和调整；②混凝土非标准试件强度值的换算、强度公式 $f_{cu} = \alpha_a f_b \left(\dfrac{B}{W} - \alpha_b \right)$ 的运用以及提高混凝土强度的措施；③碳化对钢筋混凝土性能的影响，提高混凝土耐久性的措施。

(3)普通混凝土配合比设计：①确定计算配合比；②检测和易性，确定试拌配合比；③检验强度，确定设计配合比；④根据含水率，换算施工配合比；⑤根据混凝土的配合比计算材料用量。

5.1.2　混凝土外加剂和掺合料

1. 应知

(1)混凝土外加剂：①外加剂的含义和分类；②减水剂的含义、作用机理和常用品种；③早强剂的含义和种类；④泵送剂的含义和特点。

(2)混凝土掺合料的含义、种类。

2. 应会

(1)混凝土外加剂：①减水剂的主要效果和掺加方法；②引气剂对混凝土性能的影响；③泵送剂的应用。

(2)混凝土掺合料的作用。

5.1.3　其他混凝土

1. 应知

(1)预拌混凝土的含义和种类。

(2)轻集料混凝土的含义、分类和性质(和易性、强度和保温性)。

(3)高性能混凝土的含义和特性。

2. 应会

(1)预拌混凝土的技术经济效益。

(2)轻集料混凝土的应用。

(3)高性能混凝土的应用。

5.2　学习要点

5.2.1　普通混凝土

1. 普通混凝土的概念和组成材料

(1)混凝土是指由胶凝材料将集料胶结成整体的工程复合材料。普通混凝土是指用水泥作胶凝材料，砂、石作集料，与水(加或不加外加剂和矿物掺合料)按一定比例配合，经搅拌、成型、养护而成的一种人造石材。

按胶凝材料不同，分为水泥混凝土（又叫普通混凝土）、沥青混凝土、石膏混凝土、聚合物混凝土等。

按体积密度不同，分为重混凝土（$\rho_0 > 2\,800\ \text{kg/m}^3$）、普通混凝土（$\rho_0 = 2\,000 \sim 2\,800\ \text{kg/m}^3$）、轻混凝土（$\rho_0 < 1\,950\ \text{kg/m}^3$）。

按用途不同，分为结构混凝土、水工混凝土及特种混凝土（耐热、耐酸、耐碱、防水、防辐射等）。

按强度等级不同，分为普通混凝土（$f_c < 60\ \text{MPa}$）、高强度混凝土（$f_c = 60 \sim 100\ \text{MPa}$）和超高强度混凝土（$f_c > 100\ \text{MPa}$）。

按施工方法不同，分为预拌混凝土、泵送混凝土、碾压混凝土、喷射混凝土等。

(2)普通混凝土的基本组成材料是胶凝材料、粗集料（石子）、细集料（砂）和水，胶凝材料是混凝土中水泥和矿物掺合料的总称。砂、石子在混凝土中起骨架作用。胶凝材料和水形成灰浆，包裹在粗、细集料表面并填充集料间的空隙。灰浆在硬化前起润滑作用，使混凝土拌合物具有良好的工作性能；在硬化后起胶结作用，将集料胶结在一起形成坚硬的整体。

1)水泥品种应根据混凝土工程的特点、所处环境条件及施工要求进行选择，水泥强度等级一般以混凝土强度等级的 1.5～2.0 倍为宜。

2)普通混凝土的集料，按其粒径大小不同分为粗集料和细集料。细集料是指粒径在 0.15～4.75 mm 的岩石颗粒，粒径大于 4.75 mm 的称为粗集料。按产源细集料分为天然砂和机制砂，粗集料分为卵石和碎石。

砂的粗细程度是指不同粒径的砂粒混合在一起的总体粗细程度，通常有粗、中、细之分。砂的颗粒级配是指砂中不同颗粒互相搭配的比例情况。

砂的粗细程度和颗粒级配用筛分析方法来确定：用细度模数表示砂的粗细程度，用级配区衡量砂的颗粒级配。将预先通过孔径为 9.50 mm 筛的烘干砂称取 500 g，用一套方孔孔径（净尺寸）为 4.75 mm、2.36 mm、1.18 mm、600 μm、300 μm、150 μm 的标准筛，由粗到细依次过筛，然后称其各筛上砂颗粒的质量（称为筛余量），并计算出各筛上的分计筛余百分率（各筛上的筛余量占砂样总质量的百分率）a_1、a_2、a_3、a_4、a_5、a_6 及累计筛余百分率（各筛和比该筛粗的所有分计筛余百分率之和）A_1、A_2、A_3、A_4、A_5、A_6。

砂的粗细程度用细度模数（M_x）表示，按下式计算：

$$M_x = \frac{(A_2 + A_3 + A_4 + A_5 + A_6) - 5A_1}{100 - A_1}$$

细度模数（M_x）越大，表示砂越粗。按《建设用砂》（GB/T 14684—2011）标准规定，$M_x = 3.7 \sim 3.1$ 为粗砂，$M_x = 3.0 \sim 2.3$ 为中砂，$M_x = 2.2 \sim 1.6$ 为细砂。

砂的颗粒级配合格与否，用级配区来判定。以 600 μm 筛孔（控制粒级）的累计筛余百分率，划分成 1 区、2 区、3 区三个级配区。混凝土用砂的颗粒级配应处于任何一个级配区内，才符合级配要求；否则，为级配不合格。

粗集料最大粒径是指公称粒级的上限。最大粒径的选择应从三方面考虑：第一，从结构上考虑，粗集料的最大粒径要受结构截面尺寸、钢筋净距及施工条件的限制，不得超过结构截面最小尺寸的 1/4，且不得超过钢筋最小净距的 3/4；对于混凝土实心板，集料的最大粒径不宜超过板厚的 1/3，且不得超过 40 mm。第二，从施工上考虑，对于泵送混凝土，最大粒径与输送管内径之比，碎石宜不大于 1:3，卵石宜不大于 1:2.5。高层建筑宜控制在 1:（3～4），超高层建筑宜控制在 1:（4～5）。第三，从强度上考虑，在房屋建筑工程中，一般所采用的粗集料最大粒径不宜超过 40 mm。

粗集料的颗粒级配也通过筛分析来确定，粗集料的颗粒级配按供应情况分为连续粒级和单粒粒级，按实际使用情况分为连续粒级和间断粒级。

针状颗粒是指卵石和碎石颗粒的长度大于该颗粒所属相应粒级的平均粒径 2.4 倍者，片状颗粒是指厚度小于平均粒径 0.4 倍者。针、片状颗粒易折断，会增大集料空隙和总表面积，使拌合物的和易性变差、混凝土强度降低，因此应控制其含量。

粗集料强度指标有两个：岩石抗压强度和压碎指标。

碎石的强度可用岩石抗压强度和压碎指标表示，卵石的强度只能用压碎指标表示。

岩石抗压强度是将集料母岩制成 50 mm×50 mm×50 mm 的立方体试件或 $\phi 50 \times 50$ mm 的圆柱体试件，在水中浸泡 48 h 后，测得的抗压强度值。国家标准规定，岩石抗压强度：火成岩应不小于 80 MPa，变质岩应不小于 60 MPa，水成岩应不小于 30 MPa。

压碎指标表示石子抵抗压碎的能力，以间接地推测其相应的强度，其值越小，说明强度越高。碎石和卵石的压碎指标应符合规定。

3）对混凝土用水的质量要求：不得影响混凝土的和易性及凝结；不得有损于混凝土强度的发展；不得降低混凝土的耐久性；不得加快钢筋锈蚀；不得导致预应力钢筋脆断；不得污染混凝土表面。

2. 普通混凝土的主要性质

（1）混凝土拌合物的和易性。混凝土的各组成材料按一定比例配合、搅拌而成的尚未凝固的材料，称为混凝土拌合物，又称新拌混凝土。和易性又称工作性，是指混凝土拌合物易于施工操作并能获得质量均匀、成型密实的性能，它包括流动性(稠度)、黏聚性和保水性。

流动性是指混凝土拌合物在自重力或机械振动力作用下易于产生流动、易于输送和易于充满混凝土模板的性质。流动性好的混凝土拌合物操作方便、易于捣实和成型。

黏聚性是混凝土拌合物在施工过程中保持整体均匀一致的能力。黏聚性好，可保证混凝土拌合物在输送、浇灌、成型等过程中，不发生分层、离析。

保水性是混凝土拌合物在施工过程中保持水分的能力。保水性好可保证混凝土拌合物在输送、成型及凝结过程中，不发生大或严重的泌水。保水性对混凝土强度和耐久性有较大的影响。

混凝土拌合物的流动性、黏聚性和保水性三者既互相联系，又互相矛盾。施工时应兼顾三者，使拌合物既满足要求的流动性，又保证良好的黏聚性和保水性。

1)国家标准规定，拌合物的流动性(稠度)用坍落度法和维勃稠度法测定，可采用坍落度、维勃稠度或扩展度表示。

坍落度法适用于集料最大粒径不大于 40 mm、坍落度值大于 10 mm 的塑性和流动性混凝土拌合物稠度测定。其方法是将混凝土拌合物分 3 次按规定要求装入坍落度筒内，刮平表面后每层插捣 25 次，垂直向上提起坍落度筒，拌合物因自重而坍落，下落的尺寸(mm)即为坍落度值。根据坍落度大小，可将混凝土拌合物分为低塑性混凝土、塑性混凝土、流动性混凝土、大流动性混凝土和超流动性混凝土等 5 个级别。

维勃稠度法适用于集料最大粒径不大于 40 mm，维勃稠度在 5～30 s 的混凝土拌合物稠度的测定。维勃稠度试验需用维勃稠度测定仪。其方法是将混凝土拌合物装入坍落度筒内，放置在振动台上，提起筒，混凝土锥体上盖透明圆盘，开动振动台，当圆盘被水泥浆全部布满，所用时间(s)即是维勃稠度。维勃稠度值越大，说明混凝土拌合物越干硬。混凝土拌合物根据维勃稠度大小，分为超干硬性混凝土、特干硬性混凝土、干硬性混凝土、半干硬性混凝土和低干硬性混凝土 5 个级别。

混凝土拌合物流动性的选择原则是在满足施工操作及混凝土成型密实的条件下，尽可能选用较小的坍落度，以节约水泥并获得较高质量的混凝土。具体工程中，应根据构件截面尺寸、钢筋疏密程度及捣实方法来选定。若构件截面尺寸小、钢筋密或采用人工捣实时，选择的流动性应大些；反之，选择的流动性小些。

2)影响混凝土拌合物和易性的因素很多，主要有灰浆量、水胶比、砂率、原材料、时间、温度、外加剂等。

水泥和矿物掺合料等胶凝材料加水拌和而成的浆状混合物，称为灰浆。混凝土拌合物中灰浆赋予拌合物一定的流动性。在灰浆稠度一定时，增加灰浆用量，拌合物的流动性增大。

水胶比是指混凝土中用水量与胶凝材料用量的质量比。在胶凝材料用量一定的情况下，水胶比越小，灰浆就越稠，拌合物的流动性便越小。若水胶比过小，不能保证混凝土的密实性。大量试验证明，当水胶比在 0.40~0.80 范围内而其他条件不变时，混凝土拌合物的流动性只与单位用水量有关，这一现象称为"恒定用水量法则"。

砂率是指每立方米混凝土中砂的质量占砂石总质量的百分率。配制混凝土时，砂率不能过大或过小，应选用合理砂率。采用合理砂率时，在保证拌合物获得所要求的流动性及良好的黏聚性和保水性时，胶凝材料用量最少。合理砂率通过试验获得。

胶凝材料和集料的品种、规格不同，混凝土拌合物的和易性不一样。随着时间增长、温度升高，新拌混凝土的流动性减小。

拌制混凝土时，掺入少量外加剂，有利于改善和易性。

3)改善和易性的措施：改善集料级配；采用合理砂率；当混凝土拌合物坍落度太小时，可保持水胶比不变，适当增加灰浆用量；当坍落度太大时，可保持砂率不变，调整砂石用量；尽可能缩短新拌混凝土的运输时间；尽量掺用外加剂(减水剂、引气剂等)。

(2)混凝土的强度。混凝土在结构工程中主要用于承受压力，抗压强度是判定混凝土质量的最主要依据。

1)国家标准规定，以边长为 150 mm 的立方体试件，在温度为$(20\pm2)℃$、相对湿度为 95% 以上的标准养护室中养护，或在温度为$(20\pm2)℃$的不流动的 $Ca(OH)_2$ 饱和溶液中养护 28 d，用标准试验方法所测得的抗压强度值为混凝土立方体抗压强度，单位为 N/mm^2(即 MPa)，以 f_{cu} 表示。

以三个试件所测强度的算术平均值作为该组试件的抗压强度值。三个试件中的最大值或最小值如有一个与中间值的差异超过 15%，则把最大值及最小值一并舍去，取中间值作为该组试件的抗压强度值。如最大值、最小值与中间值的差异均超过 15%，则该组试验结果无效。

当采用非标准试件时，应换算成标准试件的强度，换算系数见表 5-1。

表 5-1 试件尺寸及强度值换算系数

试件边长/(mm×mm×mm)	允许集料最大粒径/mm	换算系数
100×100×100	30	0.95
150×150×150	40	1.00
200×200×200	60	1.05

混凝土强度等级采用符号 C 与立方体抗压强度标准值表示，分为 C10、C15、C20、C25、C30、C35、C40、C45、C50、C55、C60、C65、C70、C75、C80、C85、C90、C95、C100 共 19 个等级。

2)混凝土的强度要受到胶凝材料强度、水胶比、粗集料、养护条件、龄期、试验条件及施工质量等因素的影响。

水胶比是指用水量与胶凝材料用量的质量比。根据工程实践，混凝土强度与胶凝材料强度、水胶比之间的关系可用下式表示：

$$f_{cu}=\alpha_a f_b \left(\frac{B}{W}-\alpha_b\right)$$

式中 f_{cu}——混凝土 28 d 龄期的立方体抗压强度(MPa)；

f_b——胶凝材料 28 d 胶砂抗压强度实测值(MPa)；

B——1 m³ 混凝土中胶凝材料(水泥和矿物掺合料按使用比例混合)用量(kg)；

W——1 m³ 混凝土中水的用量(kg)；

α_a，α_b——回归系数；碎石 $\alpha_a=0.53$，$\alpha_b=0.20$；卵石 $\alpha_a=0.49$，$\alpha_b=0.13$。

利用混凝土强度公式，可根据所用的胶凝材料强度和水胶比来估计所配制混凝土 28 d 的强度，也可根据胶凝材料强度和要求的混凝土强度来计算应采用的水胶比。

碎石表面粗糙、多棱角，卵石表面光滑。在水泥强度等级和水胶比相同条件下，碎石混凝土强度比卵石混凝土的强度高。

试验表明，保持足够湿度时，温度升高，水泥水化速度加快，强度增长也快。

龄期是指混凝土拌和、成型后所经过的时间。在正常养护条件下，混凝土的强度随龄期增长而提高。普通水泥配制的混凝土，在标准养护条件下，强度的发展大致与龄期的对数成正比关系，即

$$\frac{f_n}{f_{28}}=\frac{\lg n}{\lg 28}$$

式中 f_n——n d 龄期混凝土的抗压强度(MPa)；

f_{28}——28 d 龄期混凝土的抗压强度(MPa)；

n——养护龄期(d)，$n\geqslant3$ d。

这样，可根据混凝土某一龄期的强度推算另一龄期的强度。

试件的尺寸、形状、表面状态及加荷速度等对混凝土强度试验值的影响：试件尺寸越小，测得的强度越高；当试件受压面积($a\times a$)相同时，高宽比(h/a)越大，抗压强度越小；混凝土试件承压面摩擦系数越小，测得的强度值越低；加荷速度越快，测得的强度值越大。

3)提高混凝土强度的措施：采用高强度等级水泥；采用干硬性混凝土；采用湿热养护；改进施工工艺，采用机械搅拌和振捣；掺入混凝土外加剂和活性掺合料。

（3）混凝土的耐久性。混凝土耐久性是指混凝土抵抗环境介质作用，长期保持强度和外观完整性的能力，包括抗渗性、抗冻性、抗侵蚀性、抗碳化性及抗碱-集料反应等。

1)抗渗性是指混凝土抵抗有压力液体(水、油、溶液)渗透作用的能力。抗渗性的好坏用抗渗等级来表示，分为P4、P6、P8、P10、P12共5个等级。混凝土的抗渗性主要取决于密实度、内部孔隙的大小和构造，提高抗渗性的关键是提高混凝土的密实度或改善混凝土的孔隙构造。

2)抗冻性是指混凝土在饱和水状态下，能经受多次冻融循环不破坏、强度也不严重降低的性能。抗冻性用抗冻标号和抗冻等级表示。抗冻标号是慢冻法测得的(气)冻(水)融循环次数，用符号 D 表示，分为 D50、D100、D150、D200共4个等级；抗冻等级是快冻法测得的（水）冻(水)融循环次数，用符号 F 表示，分为 F50、F100、F150、F200、F250、F300、F350、F400共8个等级。混凝土的抗冻性主要取决于混凝土的孔隙率、孔隙构造和孔隙充水程度，提高抗冻性的关键是降低水胶比、提高密实度，或改善孔隙构造。

3)抗侵蚀性是指混凝土抵抗腐蚀性介质侵蚀的能力。通常有软水侵蚀、盐类腐蚀、酸类腐蚀、强碱腐蚀等，腐蚀机理与水泥石腐蚀相同。混凝土的抗侵蚀性与所用水泥品种、混凝土的密实度和孔隙特征有关，提高抗侵蚀性的关键是合理选择水泥品种、提高混凝土的密实度和改善孔隙构造。

4)混凝土的碳化是指水泥石中的氢氧化钙与空气中的二氧化碳在湿度适宜时生成碳酸钙，使混凝土的碱度降低的过程。混凝土碳化有利也有弊：有利在于产生的碳酸钙填充了水泥石的孔隙，混凝土表面的强度适当提高；不利在于钢筋丧失碱性保护作用而锈蚀，锈蚀生成物体积膨胀，碳化作用引起混凝土收缩，从而降低混凝土的耐久性。影响碳化速度的主要因素有环境中二氧化碳浓度、水泥品种、水胶比、环境湿度等。

5)碱-集料反应是指水泥中的碱(Na_2O、K_2O)与集料中的活性二氧化硅反应，在集料表面生成复杂的碱-集料凝胶，吸水后体积膨胀导致混凝土破坏的现象。碱-集料反应的产生有三个条件：水泥中含碱量高；砂石集料中含有活性二氧化硅成分；有水存在。防止的主要措施：采用含碱量小于 0.6％的水泥；选用非活性集料；掺入活性混合材料吸收溶液中的碱，使反应产物分散而减少膨胀值；掺入引气剂产生微小气泡，降低膨胀压力；防止水分侵入，设法使混凝土处于干燥状态。

提高混凝土耐久性的措施：根据工程所处环境及要求，合理选择水泥品种；选用质量良好、技术条件合格的砂石集料；控制混凝土的最大水胶比和最小胶凝材料用量；掺入外加剂和适量矿物掺合料，提高混凝土密实度，改善孔隙结构；严格控制施工质量，保证混凝土均匀、密实；采用浸渍处理或用有机材料作防护涂层。

3. 普通混凝土配合比设计

(1)混凝土配合比是指混凝土中各组成材料用量之间的比例关系。混凝土配合比设计就是根据材料的技术性能、工程要求、结构形式和施工条件，来确定混凝土各组成材料之间的配合比例。混凝土配合比有两种表示法：一种是用 1 m^3 混凝土中胶凝材料、水、砂、石的实际用量表示；另一种是以各组成材料相互间的质量比来表示(以胶凝材料质量为1)。

(2)配合比设计的基本要求：达到设计要求的强度等级；符合施工要求的和易性；具备与使用条件相适应的耐久性；在保证质量的前提下，应尽量节省水泥，降低成本。

(3)配合比设计的基本步骤：①利用混凝土强度经验公式和图表进行计算，得出"计算配合比"；②通过试拌、检测，进行和易性调整，得出满足施工要求的"试拌配合比"；③通过对水胶比微量调整，得出既满足设计强度又比较经济、合理的"设计配合比"；④根据现场砂、石的含水率，对设计配合比进行修正，得出"施工配合比"。

(4)计算配合比的确定方法。

1)确定配制强度($f_{cu,0}$)。当混凝土的设计强度等级小于C60时，配制强度为 $f_{cu,0} \geqslant f_{cu,k} + 1.645\sigma$(MPa)，其中 $f_{cu,k}$ 为设计强度等级值，σ 为强度标准差。如果没有近期的同一品种、同一强度等级混凝土的强度资料时，σ 按表 5-2 取用。

表 5-2　混凝土 σ 的取值

混凝土强度等级	≤C20	C25～C45	C50～C55
σ/MPa	4.0	5.0	6.0

当混凝土的设计强度等级不小于C60时，配制强度为 $f_{cu,0} \geqslant 1.15 f_{cu,k}$(MPa)。

2)确定水胶比(W/B)。对于强度等级为不大于C60的混凝土，水胶比(W/B)由 $\dfrac{W}{B} = \dfrac{\alpha_a f_b}{f_{cu,0} + \alpha_a \alpha_b f_b}$ 计算，其中 f_b 为胶凝材料 28 d 胶砂抗压强度实测值(MPa)。

若胶凝材料为水泥，又无实测值时，则 $f_b = \gamma_c f_{ce,g}$，其中 $f_{ce,g}$ 为水泥强度等级值(MPa)，γ_c 为水泥强度等级值的富余系数，γ_c 按表 5-3 选取。

表 5-3　水泥强度等级值的富余系数

水泥强度等级值/MPa	32.5	42.5	52.5
富余系数 γ_c	1.12	1.16	1.10

应注意：计算所得的水胶比(W/B)值不得超过国家标准规定的最大水胶比值。

对于强度等级为大于C60的高强度混凝土，配合比应经试验确定。在缺乏试验依据的情况下，高强度混凝土配合比中的水胶比、胶凝材料用量和砂率等参数，宜按照《普通混凝土配合比设计规程》(JGJ 55—2011)要求选取。

3）确定用水量(m_{w0})。混凝土水胶比在0.40～0.80范围时，用水量(m_{w0})按《普通混凝土配合比设计规程》(JGJ 55—2011)选取；混凝土水胶比小于0.40时，应通过试验确定。

4）确定胶凝材料用量(m_{b0})。1 m³混凝土中胶凝材料用量为$m_{b0} = \dfrac{m_{w0}}{W/B}$(kg)。应注意：计算所得的胶凝材料用量应不低于国家标准规定的最小胶凝材料用量。

5）确定砂率(β_s)。坍落度小于10 mm的混凝土砂率，应经试验确定；坍落度为10～60 mm的混凝土砂率，可根据粗集料种类、最大公称粒径及水胶比按《普通混凝土配合比设计规程》(JGJ 55—2011)选取；坍落度大于60 mm的混凝土砂率，可经试验确定，也可在按《普通混凝土配合比设计规程》(JGJ 55—2011)选取的基础上，按坍落度每增大20 mm，砂率增大1%的幅度予以调整。

6）确定粗、细集料用量(m_{g0}、m_{s0})。假定混凝土拌合物的体积，等于各组成材料绝对体积和拌合物中所含空气体积的总和。按下式计算1 m³混凝土中粗、细集料的用量：

$$\begin{cases} \dfrac{m_{c0}}{\rho_c} + \dfrac{m_{f0}}{\rho_f} + \dfrac{m_{g0}}{\rho'_g} + \dfrac{m_{s0}}{\rho'_s} + \dfrac{m_{w0}}{\rho_w} + 0.01\alpha = 1 \\ \dfrac{m_{s0}}{m_{g0} + m_{s0}} = \beta_s \end{cases}$$

式中　ρ_c，ρ_f，ρ_w——水泥、矿物掺合料和水的密度(kg/m³)，水的密度可取1 000 kg/m³；

ρ'_g，ρ'_s——粗、细集料的表观密度(kg/m³)；

α——混凝土拌合物的含气量百分数(%)，在不使用引气型外加剂时，可取$\alpha = 1$。

联立两式解出m_{g0}、m_{s0}。

通过以上六个步骤，可将胶凝材料、水和粗细集料的用量全部求出，得到计算配合比：

$$m_{c0} : m_{f0} : m_{s0} : m_{g0} : m_{w0} = 1 : \dfrac{m_{f0}}{m_{c0}} : \dfrac{m_{s0}}{m_{c0}} : \dfrac{m_{g0}}{m_{c0}} : \dfrac{m_{w0}}{m_{c0}}$$

5.2.2　混凝土外加剂和掺合料

1. 混凝土外加剂

混凝土外加剂是指在混凝土搅拌之前或拌制过程中掺入、用以改善新拌混凝土和(或)硬化混凝土性能的材料。其掺量一般不超过胶凝材料用量的5%。混凝土外加剂按其主要功能可分为四类：①改善混凝土拌合物流变性能的外加剂，包括各种减水剂和泵送剂等；②调节混凝土凝结时间、硬化性能的外加剂，包括缓凝剂、速凝剂和早强剂等；③改善混凝土耐久性的外加剂，包括引气剂、防水剂、阻锈剂和矿物外加剂等；④改善混凝土其他性能的外加剂，包括膨胀剂、防冻剂、着色剂等。

（1）减水剂是指在混凝土拌合物坍落度基本相同的条件下，能减少拌和用水量的外加剂。其作用机理在于：水泥加水拌和后，水泥颗粒之间会相互吸引，形成许多絮状物。当加入减水剂后，减水剂能通过表面活性作用拆散这些絮状结构，把包裹的游离水释放出来，参与流动，能提高拌合物流动性。

使用减水剂的效果主要表现在：①增大流动性；②提高强度；③节约水泥；④改善其他性质等。

减水剂种类很多，按其减水率的大小，可分为普通减水剂（以木质素磺酸盐类为代表）、高效减水剂（以萘系、蜜胺系、氨基磺酸盐系、脂肪族系等为代表）和高性能减水剂（以聚羧酸系高性能减水剂为代表）。

减水剂的掺加方法主要有先掺法、同掺法、滞水法、后掺法。工程中主要使用同掺法和后掺法。

（2）早强剂是加速混凝土早期强度发展并对后期强度无显著影响的外加剂。其作用机理在于：①能加速水泥的水化，使早期出现大量的水化产物而提高强度；②能与水泥水化产物发生反应生成不溶性复盐，形成坚强的骨架，使早期强度提高；③能与水泥水化产物反应生成不溶性且有明显膨胀的盐类，不仅可形成骨架，而且还会提高混凝土早期结构的密实度，从而提高早期强度。

广泛使用的早强剂有氯盐类、硫酸盐类、三乙醇胺类以及由它们组成的复合早强剂。

（3）引气剂是指在搅拌混凝土的过程中，能引入大量均匀分布、稳定而封闭的微小气泡且能保留在硬化混凝土中的外加剂。引气剂对混凝土性能的影响体现在：①改善混凝土拌合物的和易性；②提高混凝土的耐久性；③混凝土抗压强度有所降低。

引气剂适于配制抗冻混凝土、抗渗混凝土、抗硫酸盐侵蚀混凝土、泌水严重的混凝土、轻集料混凝土等，不宜配制蒸汽养护混凝土及预应力混凝土。

（4）泵送剂是指能改善混凝土拌合物泵送性能的外加剂。泵送剂的优点是使混凝土拌合物坍落度增大，不离析、不泌水，拌合物与管壁的摩擦阻力小。

泵送剂主要适用于商品混凝土搅拌站拌制泵送混凝土。

2. 混凝土掺合料

混凝土掺合料是指在混凝土拌和时掺入的能改善混凝土性能的粉状矿物材料。混凝土掺合料可分为活性矿物掺合料和非活性矿物掺合料两大类。使用掺合料的目的：利用掺合料的活性效应，降低水泥用量；利用掺合料的形态效应，降低用水量；利用掺合料的微集料效应，填充混凝土中的孔隙，改善界面结构，最终达到提高混凝土耐久性的目的。

通常使用的掺合料多为活性掺合料，如粉煤灰、硅灰等。

5.2.3 其他混凝土

1. 预拌混凝土

预拌混凝土又称商品混凝土，是指由水泥、集料、水以及根据需要掺入的外加剂、矿物掺合料等组分按一定比例，在搅拌站经计量、拌制后出售的并采用运输车在规定时间内运至使用地点的混凝土拌合物。预拌混凝土根据特性要求，分为通用品和特制品。

预拌混凝土在保障工程质量、节能降耗、节省施工用地、改善劳动条件、减少环境污染等方面具有突出的优点，已经得到普遍应用。

2. 轻集料混凝土

用轻质粗集料、轻质细集料(或普通砂)、水泥和水配制而成，且干表观密度不大于 1 950 kg/m³的混凝土，叫作轻集料混凝土。轻集料混凝土是一种轻质、高强、多功能的新型建筑材料，具有表观密度小、保湿性好、抗震性强等优点。

(1)轻集料混凝土的分类：①按粗集料种类，可分为天然轻集料混凝土、人造轻集料混凝土和工业废料轻集料混凝土；②按有无细集料或细集料的品种不同，分为全轻混凝土、砂轻混凝土和大孔径集料混凝土；③按用途不同，分为保温、结构保温及结构轻集料混凝土。

(2)轻集料混凝土的技术性质：①和易性。轻集料具有表观密度小、表面多孔粗糙、吸水性强等特点，其拌合物的和易性与普通混凝土有明显不同。②强度等级。根据立方体抗压强度标准值，可将轻集料混凝土划分为 13 个等级：LC5.0、LC7.5、LC10、LC15、LC20、LC25、LC30、LC35、LC40、LC45、LC50、LC55、LC60。③表观密度。轻集料混凝土按干燥状态下的表观密度划分为 14 个密度等级。④保温性能。轻集料混凝土具有较好的保温性能，其表观密度为 1 000 kg/m³、1 400 kg/m³、1 800 kg/m³的轻集料混凝土导热系数分别为 0.28 W/(m·K)、0.49 W/(m·K)、0.87 W/(m·K)。

(3)轻集料混凝土的应用：适用于高层和多层建筑、软土地基、大跨度结构、抗震结构、要求节能的建筑和旧建筑的加层等。

3. 高性能混凝土

高性能混凝土是指采用常规材料和工艺生产，具有混凝土结构所要求的各项力学性能，具有高耐久性、高工作性和高体积稳定性的混凝土。高性能混凝土主要用于隧道工程、桥梁工程、港口工程、重要水工工程以及高层建筑等。

5.3 基本训练

一、名词解释

普通混凝土	混凝土拌合物的和易性	恒定用水量法则
混凝土砂率	混凝土碳化	混凝土配合比
商品混凝土	混凝土减水剂	混凝土掺合料

二、单项选择题(下列各题中只有一个正确答案，请将正确答案的序号填在括号内)

1. 普通混凝土用砂应选择(　　)较好。

　　A. 空隙率小　　　　　　　　　　　　B. 尽可能粗

　　C. 越粗越好　　　　　　　　　　　　D. 在空隙率小的条件下尽可能粗

2. 混凝土的水胶比值在一定范围内越大，则其强度(　　)。

　　A. 越低　　　　　　　　　　　　　　B. 越高

　　C. 不变　　　　　　　　　　　　　　D. 无影响

3. 普通混凝土用砂的细度模数范围为(　　)。

　　A. 3.7～3.1　　　　　　　　　　　　B. 3.7～2.3

　　C. 3.7～1.6　　　　　　　　　　　　D. 3.7～0.7

4. 对混凝土拌合物流动性影响最大的因素是(　　)。

　　A. 砂率　　　　　　　　　　　　　　B. 水泥品种

　　C. 集料的级配　　　　　　　　　　　D. 用水量

5. 提高混凝土拌合物的流动性，可采取的措施是(　　)。

　　A. 增加单位用水量

　　B. 提高砂率

　　C. 增大水胶比

　　D. 保持水胶比不变，适当增加灰浆用量

6. 测定混凝土立方体抗压强度时采用的标准试件尺寸为(　　)。

　　A. 100 mm×100 mm×100 mm　　　　B. 150 mm×150 mm×150 mm

　　C. 200 mm×200 mm×200 mm　　　　D. 70.7 mm×70.7 mm×70.7 mm

7. 普通混凝土的强度等级是以具有95%保证率的( )d的标准尺寸立方体抗压强度代表值来确定的。

A. 7
B. 28

C. 3、7、28
D. A+B

8. 一组混凝土试件的抗压强度值分别为：24.0 MPa、27.2 MPa、20.0 MPa，则此组试件的强度代表值为( )MPa。

A. 24
B. 27.2

C. 20
D. 23.7

9. 水泥的强度等级应与混凝土的设计强度等级相适应，若用高强度等级水泥配制低强度等级的混凝土，会因水泥用量过少而影响混凝土拌合物的( )和密实度，使混凝土的强度及耐久性降低。

A. 强度
B. 和易性

C. 耐久性
D. 黏聚性

10. 当混凝土抗压试件尺寸为100 mm×100 mm×100 mm时，试件尺寸换算系数为( )。

A. 0.95
B. 1.0

C. 1.05
D. 1.1

11. 维勃稠度试验方法适用集料最大粒径不大于40 mm，维勃稠度在( )的混凝土拌合物稠度测定。

A. 5~20 s
B. 5~30 s

C. 5~40 s
D. 0~40 s

12. 制作立方体试件检验混凝土的强度，一般一组应为( )块立方体试件。

A. 9
B. 6

C. 3
D. 1

13. 混凝土强度等级是根据( )来确定的。

A. 立方体抗压强度
B. 轴心抗压强度

C. 立方体抗压强度标准值
D. 抗弯强度

14. 拌制水泥混凝土，当水泥用量不变时，水胶比越小，混凝土强度越( )，密实性和耐久性越( )。

A. 低、好
B. 高、差

C. 高、好
D. 低、差

15. 试验证明，当水胶比在(   )范围内而其他条件不变时，混凝土拌合物的流动性只与单位用水量有关，这一现象称为"恒定用水量法则"。

A. 0.20~0.40
B. 0.40~0.60
C. 0.40~0.80
D. 0.60~0.80

三、多项选择题(下列各题中有 2~4 个正确答案，请将正确答案的序号填在括号内)

1. 按强度等级不同，混凝土分为(   )。

A. 普通混凝土
B. 高强度混凝土
C. 超高强度混凝土
D. 轻混凝土

2. 细集料(砂)的(   )用筛分析方法来确定。

A. 粗细程度
B. 含泥量
C. 颗粒级配
D. 坚固性

3. 施工所需的混凝土拌合物流动性大小，主要由(   )来选取。

A. 水胶比和砂率

B. 捣实方式

C. 集料的性质、最大粒径和级配

D. 构件的截面尺寸大小、钢筋疏密

4. 为保证混凝土耐久性，在混凝土配合比设计中要控制(   )。

A. 水胶比
B. 砂率
C. 水泥用量
D. 强度

5. 采用标准养护的混凝土试件应符合(   )条件。

A. 在温度为(20±5)℃环境中静置 1~2 昼夜

B. 拆模后放入温度为(20±2)℃，相对湿度为 95% 以上的标准养护室中

C. 放在温度为(20±2)℃的不流动的 $Ca(OH)_2$ 饱和溶液中

D. 经常用水直接冲淋其表面，以保持湿润

6. 按《普通混凝土配合比设计规程》(JGJ 55—2011)规定的公式计算碎石混凝土水胶比时，经常用到的 α_a 和 α_b 两个系数分别是(   )。

A. 0.53
B. 0.20
C. 0.49
D. 0.13

7. 水泥混凝土试件的尺寸一般有(   )几种。

A. 100 mm×100 mm×100 mm
B. 150 mm×150 mm×150 mm
C. 200 mm×200 mm×200 mm
D. 70.7 mm×70.7 mm×70.7 mm

8. 碱-集料反应产生的条件是（　　）。

  A. 水泥中含碱量高　　　　　　　　　B. 砂石集料中含有活性二氧化硅成分

  C. 有空气存在　　　　　　　　　　　D. 有水存在

9. 混凝土配合比设计中，若采用经验图表选择单位用水量，应根据（　　）因素选定。

  A. 粗集料品种　　　　　　　　　　　B. 粗集料最大粒径

  C. 坍落度　　　　　　　　　　　　　D. 流动性

10. 某混凝土试验室配合比设计中，试拌配合比中 $W/B = 0.54$，另外两组配合比的 W/B 应为（　　）。

  A. 0.49　　　　　　　　　　　　　　B. 0.51

  C. 0.57　　　　　　　　　　　　　　D. 0.59

四、判断题（请在正确的题后括号内打"√"，错误的打"×"）

1. 两种砂子的细度模数相同，则它们的级配也一定相同。　　　　　　　（　　）

2. 砂子的细度模数越大，则该砂的级配越好。　　　　　　　　　　　　（　　）

3. 在混凝土拌合物中，保持 W/B 不变，增加灰浆量，可增大拌合物的流动性。（　　）

4. 对混凝土拌合物流动性大小起决定性作用的是单位用水量的大小。　　（　　）

5. 卵石混凝土比同条件配合比的碎石混凝土的流动性大，但强度要低一些。（　　）

6. 流动性大的混凝土比流动性小的混凝土的强度低。　　　　　　　　　（　　）

7. W/B 很小的混凝土，其强度不一定很高。　　　　　　　　　　　　　（　　）

8. 混凝土的设计配合比和施工配合比两者的 W/B 是不同的。　　　　　（　　）

9. 混凝土的强度标准差 σ 值越大，表明混凝土质量越稳定，施工水平越高。（　　）

10. 混凝土采用蒸汽养护后，其早期强度和后期强度都得到提高。　　　（　　）

11. 坍落度法适用于集料最大粒径不大于 40 mm、坍落度值大于 10 mm 的塑性和流动性混凝土拌合物稠度测定。　　　　　　　　　　　　　　　　　　　　　（　　）

12. 减水剂是能减少混凝土拌和用水量的外加剂，不能增大拌合物的流动性。（　　）

13. 同一种减水剂用于不同品种水泥或不同生产厂的水泥时，其效果相同。（　　）

14. 在混凝土拌和时掺入粉状矿物材料可以减少水泥用量，降低成本。　（　　）

15. 水泥混凝土试件抗折强度试验时两支点的距离为 450 mm。　　　　（　　）

五、填空题

1. 普通混凝土的基本组成材料是_____、_____、_____和_____。

2. 水泥的强度等级应与混凝土的设计强度等级相适应，一般以水泥强度等级为混凝土强度等级的_____倍为宜。

3. 普通混凝土用砂的颗粒级配按 _____ mm 筛孔的累计筛余百分率分为 _____、_____ 和 _____ 三个级配区；按 _____ 模数的大小分为 _____、_____ 和_____。

4. 普通混凝土常用的粗集料(石子)分为 _____ 和 _____ 两种。

5. 根据《混凝土结构工程施工质量验收规范》(JGJ 55—2011)规定，混凝土用粗集料的最大粒径不得大于结构截面最小尺寸的 _____，且不得超过钢筋最小净距的 _____；对于实心板，集料最大粒径不宜超过板厚的 _____，且不得超过 _____ mm。

6. 粗集料(石子)的颗粒级配分按使用情况分为 _____ 和 _____ 两种。采用 _____ 级配配制的混凝土和易性好，不易发生离析。

7. 压碎指标值越小，表示集料抵抗受压碎裂的能力越_____。

8. 混凝土拌合物的和易性包括 _____、_____ 和_____ 三个方面的含义。通常采用定量法测定 _____，方法是塑性混凝土采用 _____ 法，干硬性混凝土采用 _____ 法；采取直观经验评定 _____ 和 _____。

9. 混凝土拌合物按流动性分为 _____ 和 _____ 两类。

10. 混凝土的立方体抗压强度是以边长为 _____ mm 的立方体试件，在温度为 _____ ℃、相对湿度为 _____ 以上的标准养护室中养护 _____ d，用标准试验方法所测得的抗压强度值，用符号 _____ 表示，单位为 _____。

11. 混凝土的强度要受到 _____、_____、_____、_____、_____、_____ 及 _____ 等因素的影响。

12. 混凝土的耐久性包括 _____、_____、_____、_____ 及 _____ 等性能。

13. 混凝土中掺入减水剂，在混凝土流动性不变的情况下，可以减少 _____，提高混凝土的 _____；在用水量及水胶比一定时，混凝土的 _____ 增大；在流动性和水胶比一定时，可以 _____。

14. 减水剂的掺加方法主要有 _____、_____、_____ 和 _____。

15. 预拌混凝土根据特性要求，分为 _____ 和 _____。

六、简答题

1. 普通混凝土的组成材料有哪些？它们在混凝土中各起什么作用？

2. 什么是砂的颗粒级配？如何判定砂的级配是否合格？

3. 混凝土用石子为什么要控制最大粒径？如何控制石子的最大粒径？

4. 影响混凝土拌合物和易性的因素有哪些？如何调整拌合物的和易性？

5. 影响混凝土强度的因素有哪些？如何提高混凝土的强度？

6. 提高混凝土耐久性的措施有哪些？

7. 混凝土配合比设计有哪些基本要求？

8. 混凝土配合比设计的方法或步骤如何？

9. 什么是减水剂？在混凝土中掺入减水剂会产生哪些技术经济效果？

10. 高性能混凝土的实现路径如何？

七、计算题

1. 某砂筛分试验结果见表5-4，试评定此砂的粗细程度和颗粒级配。

表5-4　筛分试验结果

筛孔尺寸/mm	4.75	2.36	1.18	0.6	0.3	0.15	<0.15
筛余量/g	25	50	100	125	100	75	25

2. 某钢筋混凝土构件，其截面最小边长为 400 mm，采用钢筋为 Φ20，钢筋中心距为 80 mm。问选择哪一粒级的石子拌制混凝土较好？

3. 采用普通水泥、卵石和天然砂配制混凝土，水胶比为 0.52，制作一组尺寸为150 mm× 150 mm×150 mm 的试件，标准养护 28 d，测得的抗压破坏荷载分别为 512 kN、520 kN 和 650 kN。计算：①该组混凝土试件的立方体抗压强度；②该混凝土所用水泥的实际抗压强度。

4. 某混凝土试拌调整后，各材料用量分别为水泥 3.1 kg、水 1.86 kg、砂 6.24 kg、碎石 12.84 kg，并测得拌合物体积密度为 2 450 kg/m³。采用自来水。试求 1 m³ 混凝土的各材料实际用量。

5. 某工程现浇室内钢筋混凝土梁，混凝土设计强度等级为 C30 级，施工要求坍落度为 35～50 mm，采用机械搅拌和振捣。施工单位无近期的混凝土强度资料。采用原材料如下：

胶凝材料：普通水泥，强度等级为 42.5 级，$\rho_c = 3\ 000$ kg/m³；细集料：中砂，级配 2 区合格，$\rho_s' = 2\ 650$ kg/m³；粗集料：卵石 5～20 mm，$\rho_g' = 2\ 650$ kg/m³；水：自来水，$\rho_w = 1\ 000$ kg/m³。

试设计混凝土的计算配合比。

6. 某混凝土，其设计配合比为 $m_c : m_s : m_g = 1 : 2.10 : 4.68$，$m_w/m_c = 0.52$。现场砂、石子的含水率分别为 2% 和 1%，堆积密度分别为 $\rho_{s0}' = 1\ 600$ kg/m³ 和 $\rho_{g0}' = 1\ 500$ kg/m³。1 m³ 混凝土的用水量为 $m_w = 160$ kg。计算：①该混凝土的施工配合比；②1 袋水泥（50 kg）拌制混凝土时其他材料的用量；③500 m³ 混凝土需要砂、石子各多少立方米？水泥多少吨？

第6章 建筑砂浆

6.1 学习要求

6.1.1 砌筑砂浆

1. 应知

(1)砌筑砂浆的组成材料：①建筑砂浆的概念和种类；②砌筑砂浆的含义；③砌筑砂浆对水泥强度等级的要求。

(2)砌筑砂浆的技术性质：①砌筑砂浆拌合物的表观密度要求；②砌筑砂浆拌合物和易性的概念和测定方法；③砌筑砂浆强度的影响因素和强度公式。

(3)砌筑砂浆配合比设计的基本要求。

2. 应会

(1)砌筑砂浆的组成材料：①砌筑砂浆中掺石灰膏的作用；②不同稠度石灰膏的换算方式。

(2)砌筑砂浆的技术性质：①砌筑砂浆拌合物流动性的选择；②砌筑砂浆强度的测定方法。

(3)水泥混合砂浆配合比的计算、试配、调整与确定。

6.1.2 抹灰砂浆

1. 应知

(1)抹灰砂浆的含义和分类。

(2)抹灰砂浆的强度等级、拌合物表观密度、保水率等基本要求。

2. 应会

(1)抹灰砂浆的品种选用。

(2)抹灰砂浆的配合比选用。

6.1.3 预抹砂浆

1. 应知

(1)预抹砂浆的概念和分类。

(2)预抹砂浆的标记。

2. 应会

(1)湿拌砂浆的性能指标。

(2)干拌砂浆的性能指标。

6.2 学习要点

建筑砂浆是由胶凝材料、细集料、掺加料和水按适当比例配制而成，又称为细集料混凝土。建筑砂浆具有细集料用量大、胶凝材料用量多、干燥收缩大、强度低等特点。

建筑砂浆根据用途不同，可分为砌筑砂浆和抹面砂浆；根据胶凝材料不同，可分为水泥砂浆、石灰砂浆、聚合物砂浆和混合砂浆等；根据生产方式不同，可分为现场配制砂浆和预拌砂浆。

6.2.1 砌筑砂浆

砌筑砂浆是指将砖、石、砌块等块材经砌筑成为砌体，起黏结、衬垫和传力作用的砂浆。

1. 砌筑砂浆的组成材料

(1)水泥宜采用通用硅酸盐水泥或砌筑水泥，强度等级应根据砂浆的品种及强度等级要求进行选择。M15 及以下强度等级的砌筑砂浆宜选用 32.5 级通用水泥或砌筑水泥；M15以上强度等级的砌筑砂浆宜选用 42.5 级通用水泥。水泥用量不宜小于 200 kg/m³，通常在砂浆中掺加适量石灰膏等胶凝材料代替部分水泥，水泥和掺加料总量宜为 300～350 kg/m³。

(2)配制砂浆的细集料最常用的是天然砂，宜选用中砂，应符合《建设用砂》(GB/T

14684—2011)的规定，且应全部通过 4.75 mm 的筛孔。

(3)掺加料是为改善砂浆和易性而加入的无机材料，主要有石灰膏、电石膏、粉煤灰等。石灰膏、电石膏的稠度应为(120±5)mm，如稠度不在规定范围内应按要求进行换算。

(4)拌制砂浆用水与混凝土拌和用水的要求相同，应满足《混凝土用水标准》(JGJ 63—2006)规定的质量要求。

2. 砌筑砂浆的技术性质

(1)拌合物的表观密度。砂浆拌合物必须具有一定的表观密度，以保证硬化后的密实度，减少各种变形的影响，满足砌体力学性能的要求。水泥砂浆应不小于 1 900 kg/m³，水泥混合砂浆和预拌砌筑砂浆应不小于 1 800 kg/m³。

(2)拌合物的和易性。砂浆拌合物的和易性是指砂浆是否容易在砖石等表面上铺成均匀、连续的薄层，且与基层紧密黏结的性质。它包括流动性和保水性两个方面的含义。

1)流动性又称稠度，指砂浆在自重或外力作用下产生流动的性质。稠度用砂浆稠度测定仪测定，以沉入度(mm)表示。影响砂浆稠度的因素很多，如胶凝材料种类及用量、用水量、砂子粗细和粒形、级配、搅拌时间等。砂浆稠度的选择与砌体材料种类、施工条件及施工气候有关。

2)保水性。保水性是指新拌砂浆保持其内部水分不泌出流失的能力。砂浆的保水性用保水率表示。

(3)砂浆的抗压强度。砂浆强度等级是以尺寸为 70.7 mm×70.7 mm×70.7 mm 的三个立方体试件，在标准条件[试件在室温为(20±5)℃的环境下静置(24±2)h，拆模后立即放入温度为(20±2)℃、相对湿度为 90% 以上的标准养护室]下养护 28 d，按标准试验方法测得的。

1)按下式计算试件的抗压强度(精确至 0.1 MPa)：

$$f_{m,cu} = k \frac{N_u}{A}$$

式中　$f_{m,cu}$——砂浆立方体试件抗压强度(MPa)；

　　　N_u——立方体试件破坏荷载(N)；

　　　A——试件承压面积(mm²)；

　　　k——换算系数，取 1.35。

2)以三个试件测值的算术平均值，作为该组试件的砂浆立方体试件抗压强度平均值(精确至 0.1 MPa)。

3)当三个测值的最大值或最小值中有一个与中间值的差值超过中间值的 15% 时，则把最大值及最小值一并舍去，取中间值作为该组试件的抗压强度值。当两个测值与中间值的差值均超过中间值的 15% 时，该组试件的试验结果无效。

水泥砂浆及预拌砌筑砂浆的强度等级可分为 M5、M7.5、M10、M15、M20、M25、M30 七个级别；水泥混合砂浆的强度等级可分为 M5、M7.5、M10、M15 四个级别。

当原材料的质量一定时，砂浆的强度主要取决于水泥的强度和用量，与拌和用水量无关。根据工程实践，砂浆的抗压强度与水泥强度和用量之间的关系可用下面的经验公式表示：

$$f_m = \frac{\alpha \cdot f_{ce} \cdot Q_C}{1\,000} + \beta$$

式中　f_m——砂浆 28 d 的抗压强度（MPa）；

　　　f_{ce}——水泥 28 d 的实测强度（MPa），若无实测强度值，按 $f_{ce} = \gamma_c \cdot f_{ce,K}$ 计算，γ_c 取 1.00；

　　　α，β——砂浆的特征系数，$\alpha = 3.03$，$\beta = -15.09$；

　　　Q_C——1 m³ 砂浆的水泥用量（kg）。

3. 砌筑砂浆的配合比设计

(1)配合比设计的基本要求：①砂浆的稠度和保水率应符合施工要求；②砂浆拌合物的表观密度应满足要求；③砂浆的强度、耐久性应满足设计要求；④在保证质量的前提下，应尽量节省水泥和掺加料，降低成本。

(2)水泥混合砂浆配合比计算。

1)确定砂浆试配强度：

$$f_{m,0} = k f_2$$

式中　$f_{m,0}$——砂浆试配强度，应精确至 0.1 MPa；

　　　f_2——砂浆的强度等级，应精确至 0.1 MPa；

　　　k——系数，可根据施工水平来选取，优良取 1.15，一般取 1.20，较差取 1.25。

2)确定 1 m³ 砂浆中的水泥用量：

$$Q_C = \frac{1\,000(f_{m,0} - \beta)}{\alpha \cdot f_{ce}}$$

3)确定 1 m³ 砂浆中掺加料(石灰膏)的用量：

$$Q_D = Q_A - Q_C$$

式中　Q_A——水泥和石灰膏总量（kg/m³），可取 350 kg/m³。

为了保证砂浆的流动性，石灰膏的稠度按(120±5)mm 计量。当石灰膏的稠度为其他值时，其用量应乘以换算系数。

4)确定 1 m³ 砂浆中的砂子用量：应按干燥状态(含水率小于 0.5%)的堆积密度值作为计算值(kg)，即每立方米砂浆含有堆积体积 1 m³ 的砂子。

5)确定每立方米砂浆中水的用量：根据砂浆稠度等要求，可选用 210～310 kg。

6.2.2 抹灰砂浆

抹灰砂浆，又称一般抹灰工程用砂浆，是指大面积涂抹于建筑物墙、顶棚、柱等表面的砂浆。按组成材料不同，分为水泥抹灰砂浆、水泥粉煤灰抹灰砂浆、水泥石灰抹灰砂浆、掺塑化剂水泥抹灰砂浆、聚合物水泥抹灰砂浆和石膏抹灰砂浆；按生产方式不同，分为拌制抹灰砂浆和预拌抹灰砂浆。

1. 抹灰砂浆的基本规定

(1)一般抹灰工程宜选用预拌抹灰砂浆，抹灰砂浆应采用机械搅拌。

(2)抹灰砂浆强度等级不宜比基体材料强度高出两个及以上等级。

(3)配制强度等级不大于 M20 抹灰砂浆，宜用 32.5 级通用硅酸盐水泥或砌筑水泥；配制强度等级大于 M20 的抹灰砂浆，宜用 42.5 级通用硅酸盐水泥。

(4)抹灰砂浆施工稠度底层宜为 90～110 mm，中层宜为 70～90 mm，面层宜为 70～80 mm，聚合物水泥抹灰砂浆宜为 50～60 mm，石膏抹灰砂浆宜为 50～70 mm。

2. 抹灰砂浆的配合比

抹灰砂浆材料用量可按照《抹灰砂浆技术规程》(JGJ/T 220—2010)的要求来选取。

6.2.3 预拌砂浆

1. 预拌砂浆的含义

预拌砂浆是指由专业生产厂生产的湿拌砂浆或干混砂浆，通常由水泥、细集料、矿物掺合料、外加剂、保水增稠剂、添加料、填料和水组成。

湿拌砂浆是由水泥基胶凝材料、细集料、外加剂和水以及根据性能确定的各组分，按一定比例，在搅拌站经计量、拌制后，采用搅拌运输车运至使用地点，放入专用容器储存，并在规定时间内使用完毕的湿拌拌合物。

干混砂浆，又称干拌砂浆，是由经干燥筛分处理的集料与水泥基胶凝材料以及根据性能确定的其他组分，按一定比例在专业生产厂混合而成，在使用地点按规定比例加水或配套液体拌和使用的干混拌合物。

2. 预拌砂浆的分类

预拌砂浆分为湿拌砂浆和干混砂浆两大类。湿拌砂浆按用途，分为湿拌砌筑砂浆、湿拌抹灰砂浆、湿拌地面砂浆和湿拌防水砂浆；干混砂浆按用途，分为干混砌筑砂浆、干混抹灰砂浆、干混地面砂浆、干混普通防水砂浆、干混陶瓷砖黏结砂浆、干混界面砂浆、干混保温板黏结砂浆、干混保温板抹面砂浆、干混聚合物水泥防水砂浆、干混自流平砂浆、干混耐磨地坪砂浆、干混饰面砂浆。

3. 预拌砂浆的标记

(1)湿拌砂浆的标记由湿拌砂浆代号、强度等级、稠度、凝结时间和标准号等部分表示。

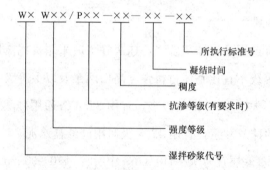

(2)干混砂浆标记由干混砂浆代号、主要性能或型号和标准号等三个部分表示。

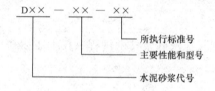

6.3 基本训练

一、名词解释

砌筑砂浆 砂浆稠度 抹灰砂浆 预拌砂浆

二、单项选择题(下列各题中只有一个正确答案，请将正确答案的序号填在括号内)

1. 为了改善砂浆的和易性和节约水泥，常在砂浆中掺入适量的石灰膏，石灰膏的稠度应为( )。

　　A.(100±5)mm　　　　　　　　　　　B.(110±5)mm

　　C.(120±5)mm　　　　　　　　　　　D.(130±5)mm

2. 配制砌筑砂浆时，砂中含泥量不应超过（　　　）。

    A. 3%

    B. 5%

    C. 10%

    D. 15%

3. 砌筑砂浆的流动性，以（　　　）表示。

    A. 坍落度

    B. 维勃稠度

    C. 沉入度

    D. 保水率

4. 砌筑砂浆的保水性，用（　　　）表示。

    A. 坍落度

    B. 维勃稠度

    C. 沉入度

    D. 保水率

5. 测定砌筑砂浆抗压强度时采用的试件尺寸为（　　　）。

    A. 100 mm×100 mm×100 mm

    B. 150 mm×150 mm×150 mm

    C. 200 mm×200 mm×200 mm

    D. 70.7 mm×70.7 mm×70.7 mm

6. 水泥砂浆拌合物的表观密度应不小于（　　　）kg/m³。

    A. 1 700

    B. 1 800

    C. 1 900

    D. 2 000

7. 砌筑烧结普通砖砌体的砂浆，其施工稠度宜为（　　　）mm。

    A. 70～90

    B. 50～70

    C. 60～80

    D. 30～50

8. 一组水泥混合砂浆试件的抗压强度值分别为：10.8 MPa、11.2 MPa、14.6 MPa，则此组试件的强度代表值为（　　　）MPa。

    A. 10.8

    B. 11.2

    C. 13.5

    D. 12.2

9. 配制强度等级大于 M20 的抹灰砂浆，宜用（　　　）级通用硅酸盐水泥。

    A. 32.5

    B. 42.5

    C. 52.5

    D. 62.5

10. 湿拌砌筑砂浆的代号为（　　　）。

    A. WM

    B. WP

    C. WS

    D. WW

三、多项选择题（下列各题中有 2～4 个正确答案，请将正确答案的序号填在括号内）

1. 砂浆根据用途不同，可分为（　　　）。

    A. 砌筑砂浆

    B. 抹面砂浆

C. 水泥砂浆　　　　　　　　　　　　　D. 混合砂浆

2. 砌筑砂浆是指将砖、石、砌块等块材经砌筑成为砌体，起（　　）作用的砂浆。

    A. 黏结　　　　　　　　　　　　　　　B. 衬垫

    C. 传力　　　　　　　　　　　　　　　D. 抹面

3. 当原材料的质量一定时，砌筑砂浆的强度主要取决于（　　）。

    A. 水胶比　　　　　　　　　　　　　　B. 水泥的强度

    C. 水泥的用量　　　　　　　　　　　　D. 拌合用水量

4. 采用标准养护的砌筑砂浆试件应符合（　　）条件。

    A. 在温度为 (20 ± 5)℃环境中静置 (24 ± 2)h

    B. 拆模后放入温度为 (20 ± 2)℃、相对湿度为 90% 以上的标准养护室中

    C. 放在温度为 (20 ± 2)℃的不流动 $Ca(OH)_2$ 饱和溶液中

    D. 经常用水直接冲淋其表面，以保持湿润

5. 按《砌筑砂浆配合比设计规程》(JGJ/T 98—2010)规定的公式计算水泥用量时，经常用到的 α 和 β 两个系数分别是（　　）。

    A. 0.53　　　　　　　　　　　　　　B. 0.20

    C. 3.03　　　　　　　　　　　　　　D. −15.09

四、判断题(请在正确的题后括号内打"√"，错误的打"×")

1. 配制 M15 以上强度等级的砌筑砂浆宜选用 42.5 级通用硅酸盐水泥。　　　　（　　）

2. 砌筑砂浆的沉入度越大、保水率越高，表明砂浆的和易性越好。　　　　　（　　）

3. 为了减轻自身重量，砌筑砂浆拌合物的表观密度越小越好。　　　　　　　（　　）

4. 砌筑砂浆试配时，至少采用三个不同的配合比：一个为基准配合比，另两个配合比的水泥用量按基准配合比分别增加及减少 10%。　　　　　　　　　　　　（　　）

5. 抹灰砂浆强度等级不宜比基体材料强度高出两个及以上等级。　　　　　　（　　）

6. 用于底层抹灰的水泥抹灰砂浆，其施工稠度宜为 50～60 mm。　　　　　　（　　）

7. 用砌筑砂浆拌制抹灰砂浆时，不宜再掺加粉煤灰等矿物掺合料。　　　　　（　　）

8. 干混砌筑砂浆强度等级为 M10，其标记为 DM M10—GB/T 25181—2010。　（　　）

五、填空题

1. 建筑砂浆根据胶凝材料不同，可分为 _____ 、 _____ 、 _____ 和 _____ 等；根据生产方式不同，分为 _____ 和 _____ 。

2. 砌筑砂浆的和易性包括 _____ 和 _____ 两个方面的含义。

3. 水泥砂浆及预拌砌筑砂浆的强度等级可分为 _____ 、 _____ 、

_____、_____、_____、_____七个级别。

4. 根据《预拌砂浆》(GB/T 25181—2010)规定，预拌砂浆分为_____和_____两大类。

5. 预拌砂浆产品检验分_____、_____和_____。

六、简答题

1. 砌筑砂浆的主要技术性质包括哪几个方面？

2. 砌筑砂浆拌合物为什么必须具有一定的表观密度？

3. 砂浆强度与哪些因素有关？

4. 抹灰砂浆有哪些基本规定？

5. 举例说明湿拌混凝土的标记。

七、计算题

某工程砌筑烧结普通砖，需配制 M7.5、稠度为 70～90 mm 的水泥混合砂浆。施工单位无统计资料，施工水平较差。原材料如下：

胶凝材料：普通水泥，强度等级为 32.5；

细集料：中砂，含水率为 2%，堆积密度为 1 450 kg/m³；

掺合料：石灰膏，稠度 100 mm；

水：自来水。

试设计该水泥混合砂浆的配合比。

第7章 石材、砖材和砌块

7.1 学习要求

7.1.1 建筑石材

1. 应知

(1)建筑石材的分类。

(2)天然石材、人造石材的含义。

(3)天然石材的主要技术性质：表观密度、抗压强度、耐水性、抗冻性和抗风化性。

(4)常用石材的特性。

(5)石材的选用原则。

(6)人造石材的特点。

2. 应会

常用石材的应用。

7.1.2 烧结砖

1. 应知

(1)烧结砖、烧结普通砖、烧结多孔砖、烧结空心砖的含义。

(2)烧结普通砖的规格与质量等级。

(3)烧结普通砖、烧结多孔砖、烧结空心砖的技术要求。

2. 应会

(1)烧结普通砖强度等级的评定。

(2)烧结普通砖的应用。

（3）烧结多孔砖、烧结空心砖的标记。

（4）烧结普通砖强度等级的划分（按抗压强度）。

7.1.3 建筑砌块

1. 应知

（1）砌块、加气混凝土砌块、粉煤灰砌块、轻集料混凝土小型砌块的含义。

（2）砌块的分类。

（3）加气混凝土砌块的技术要求。

2. 应会

（1）加气混凝土砌块、粉煤灰砌块、混凝土小型空心砌块、轻集料混凝土小型空心砌块的应用。

（2）加气混凝土砌块的标记。

7.2 学习要点

7.2.1 建筑石材

建筑石材分天然石材和人造石材两类。天然石材是指从天然岩体中开采出来的，并经加工成块状或板状材料的总称；人造石材是指人们采用一定的材料、工艺技术，仿照天然石材的花纹和纹理，人为制造的合成石。

1. 天然石材

（1）天然岩石的分类：岩浆岩、沉积岩和变质岩。

（2）天然石材的主要技术性质：①根据表观密度，可分为轻质石材（表观密度小于 1 800 kg/m³）和重质石材（表观密度不小于 1 800 kg/m³）。②石材的抗压强度是采用边长为 70 mm 的立方体试块来测得的，取三个试件破坏强度的平均值。当采用非标准试件时，应换算成标准试件的强度。③根据软化系数大小，可将石材分为高、中、低三个等级。$K_p \geqslant 0.90$ 的为高耐水石材，K_p 在 $0.75 \sim 0.90$ 的为中耐水石材，K_p 在 $0.60 \sim 0.75$ 的为低耐水石材。软化系数小于 0.80 的石材，不允许用于重要建筑。④按天然石材在水饱和状态下所能经受的冻融循环次数，可将抗冻性分为 5、10、15、25、50、100、200 七个等级，一般认为吸水率小于 0.5% 的石材，冻融破坏的可能性很小，可以考虑不做抗冻性试验。

⑤石材在使用过程中由于阳光、水、冰等因素造成岩石开裂或者剥落的过程，称为风化。岩石抗风化能力的强弱与其矿物组成、致密程度和孔隙构造有关。岩石的风化程度用 K_W 表示，K_W 为该岩石与新鲜岩石单轴抗压强度的比值。

(3)常用的石材有花岗石、石灰石和大理石等，其特性与应用见表 7-1。

表 7-1　常用石材的特性与应用

常用石材	特　　性	应　　用
花岗石	呈灰白色。表观密度为 2 500～2 700 kg/m³，抗压强度为 90～160 MPa，吸水率小于 1%，抗冻等级达 F100～F200，耐风化、耐磨性、耐酸和耐碱性能良好。磨光的花岗石是良好的饰面板材	建筑物基础、闸坝、桥墩、台阶路面、混凝土集料等
石灰石	呈灰白色。表观密度为 2 000～2 800 kg/m³，抗压强度为 20～120 MPa，孔隙率和吸水率较大，耐水性差，硬度小，容易开采和加工	砌筑基础、桥墩、墙身、阶石及路面、生产水泥和石灰的原料、混凝土集料等
大理石	有白、灰、绿、红等色。表观密度为 2 600～2 700 kg/m³，抗压强度为 100～300 MPa，质地细密，硬度较大，易于加工和磨光	地面、墙面、柱面柜台、栏杆、踏步等

(4)建筑上使用的石材，按加工后的外形规则程度，分为块状石材、板状石材、散粒石材和各种石制品等。在建筑设计和施工中，选用石材应注意适用性和经济性两个原则。

2. 人造石材

人造石材具有质地轻、强度高、耐污染、耐腐蚀、色彩艳丽、光洁度高、颜色均匀丰富、抗压耐磨、放射性低、加工性好等优点，是现代建筑理想的装饰材料。

根据人造石材使用的胶凝材料不同，可分为树脂型人造石材、复合型人造石材、水泥型人造石材和烧结型人造石材四类。

7.2.2　烧结砖

砖是砌筑用的小型块材，按生产工艺可分为烧结砖和非烧结砖；按砖的规格、孔洞率、孔的尺寸大小和数量，分为普通砖、空心砖和实心砖。

烧结砖是以黏土或页岩、煤矸石、粉煤灰为主要原料，经成型、干燥和焙烧而成。常结合主要原材料命名，如烧结普通砖(N)、烧结页岩砖(Y)、烧结煤矸石砖(M)、烧结粉煤灰砖(F)等。

1. 烧结普通砖

烧结普通砖是指规格为 240 mm×115 mm×53 mm 的无孔或孔洞率小于 15% 的烧结砖。

(1)烧结普通砖的技术要求包括尺寸偏差、外观质量、强度等级、抗风化性能、泛霜、石灰爆裂及欠火砖、酥砖和螺纹砖等。强度、抗风化性能和放射性物质合格的砖，根据尺寸偏差、外观质量、泛霜、石灰爆裂分为合格和不合格两个质量等级。

烧结普通砖根据 20 块试样的公称尺寸检验结果，尺寸偏差应符合《烧结普通砖》(GB/T 5101—2017)的规定，否则，判为不合格。

烧结普通砖按抗压强度划分为 MU30、MU25、MU20、MU15 和 MU10 五个强度等级。

烧结普通砖的抗风化性能越好，使用寿命就越长。通常用抗冻性、吸水率及饱和系数三项指标来判定砖的抗风化性能。

泛霜是指生产砖的原料中可溶性盐类(如硫酸钠等)，随着砖内水分蒸发而在砖表面产生的盐析现象，一般为白色粉末，常在砖表面形成絮团状斑点。《烧结普通砖》(GB/T 5101—2017)规定，每块砖不准许出现严重泛霜，否则，判为不合格。

石灰爆裂是指生产砖的原料中夹带石灰石等杂物，在高温焙烧过程中形成过火石灰，一旦吸水后，过火石灰熟化产生体积膨胀，导致砖体破坏。

烧结普通砖成品中不允许有欠火砖、酥砖和螺旋纹砖，否则，该批产品不合格。

(2)强度等级的确定是取 10 块砖样，按规定进行抗压强度试验，按下列方法来评定烧结普通砖的强度等级：

1)计算每块试件的抗压强度(精确到 0.01 MPa)：$f_i = \dfrac{P}{Lb}$；

2)计算 10 块试件的抗压强度平均值(精确到 0.1 MPa)：$\overline{f} = \dfrac{f_1 + f_2 + \cdots f_{10}}{10}$；

3)计算 10 块试件的抗压强度标准差(精确到 0.01 MPa)：$s = \sqrt{\dfrac{1}{9} \sum\limits_{i=1}^{10} (f_i - \overline{f})^2}$；

4)计算 10 块试件的强度标准值(精确到 0.01 MPa)：$f_k = \overline{f} - 1.83s$；

5)强度等级评定：用抗压强度平均值 $\overline{f}$ 和强度标准值 f_k 两项指标来评定烧结普通砖的强度等级。

(3)烧结普通砖主要用于砌筑建筑工程的承重墙体、柱、拱、烟囱、沟道、基础等，有时也用于小型水利工程，如闸墩、涵管、渡槽、挡土墙等。

2. 烧结多孔砖

烧结多孔砖是指以黏土或页岩、煤矸石、粉煤灰为主要原料，经过成型、干燥和焙烧而成的，孔洞率不小于 28%，主要用于承重部位的砖。

(1)烧结多孔砖的主要规格：190 mm×190 mm×90 mm(M 型)和 240 mm×115 mm×90 mm(P 型)，其他规格尺寸由供需双方确定。

(2)烧结多孔砖的技术要求：①烧结多孔砖按体积密度分为 1 000 kg/m³、1 100 kg/m³、1 200 kg/m³、1 300 kg/m³ 四个等级。②烧结多孔砖按抗压强度划分为 MU30、MU25、MU20、MU15 和 MU10 五个强度等级。烧结多孔砖的强度等级采用抗压强度平均值 $\overline{f}$ 和强度标准值 f_k 两项指标来评定。③烧结多孔砖的尺寸偏差、外观质量、泛霜、石灰爆裂和抗风化性能，应符合《烧结多孔砖和多孔砌块》(GB 13544—2011)的规定，不允许有欠火砖和酥砖。

(3)烧结多孔砖的产品标记：按产品名称、品种、规格、强度等级、密度等级和标准编号顺序编写。例如，规格尺寸为 290 mm×140 mm×90 mm、强度等级为 MU25、密度为 1 200 级的黏土烧结多孔砖，其标记为：烧结多孔砖 N 290×140×90 MU25 1200 GB 13544—2011。

烧结多孔砖的强度较高，绝热性能优于普通砖，常被用于砌筑六层以下建筑物的承重墙。

3. 烧结空心砖

烧结空心砖是指以黏土或页岩、煤矸石为主要原料，经过成型、干燥和焙烧而成的，孔洞率不小于 40%，主要用于非承重部位的砖。

(1)烧结空心砖的技术要求：①烧结空心砖按体积密度分为 800 kg/m³、900 kg/m³、1 000 kg/m³、1 100 kg/m³ 四个等级；②烧结空心砖按抗压强度划分为 MU10.0、MU7.5、MU5.0、MU3.5 四个强度等级；③烧结多孔砖的尺寸偏差、外观质量、泛霜、石灰爆裂、吸水率和抗风化性能，应符合《烧结空心砖和空心砌块》(GB/T 13545—2014)的规定，不允许有欠火砖和酥砖。

(2)烧结空心砖的产品标记：按产品名称、类别、规格、密度等级、强度等级和标准编号顺序编写。例如，规格尺寸为 290 mm×190 mm×90 mm、密度等级 800、强度等级 MU7.5 的页岩烧结空心砖，其标记为：烧结空心砖 Y(290×190×90) 800 MU7.5 GB/T 13545—2014。

(3)烧结空心砖的质量较轻，强度不高，多用作非承重墙，如多层建筑内隔墙或框架结构的填充墙等。

7.2.3　建筑砌块

砌块是指砌筑用的、形体大于砌墙砖的人造块材，外形多为直角六面体。砌块按产品规格，可分为大型(主规格高度＞980 mm)、中型(主规格高度为 380～980 mm)和小型(主规格高度为 115～380 mm)砌块;按生产工艺,分为烧结砌块和蒸压(养)砌块;按主要原材料,可分为普通混凝土砌块、轻集料混凝土砌块、蒸养粉煤灰砌块、蒸压加气混凝土砌块等;按其在结构中的作用,可分为承重砌块和非承重砌块。

1. 蒸压加气混凝土砌块

蒸压加气混凝土砌块简称加气混凝土砌块(代号 ACB),是以钙质材料(水泥、石灰等)和硅质材料(矿渣、粉煤灰)为主要材料,加入铝粉做加气剂,经磨细、配料、搅拌、浇筑、发气、切割和蒸压养护而成的多孔轻质块体材料。

(1)加气混凝土砌块的技术要求:①按尺寸偏差与外观质量、干密度、抗压强度和抗冻性,分为优等品(A)、合格品(C)两个质量等级;②干密度是指砌块试件在 105 ℃温度下烘至恒质测得的单位体积的质量,按干密度分为 B03、B04、B05、B06、B07、B08 六个等级;③按 100 mm×100 mm×100 mm 立方体试件抗压强度值划分为 A1.0、A2.0、A2.5、A3.5、A5.0、A7.5、A10.0 七个强度等级。

(2)加气混凝土砌块的产品标记按产品名称、强度等级、密度级别、规格尺寸、质量等级及标准编号顺序编写。例如,强度等级为 A5.0、干体积密度为 B06、优等品、规格尺寸为 600 mm×200 mm×250 mm 的蒸压加气混凝土砌块,其标记为:ACB A5.0 B06 600×200×250(A) GB 11968—2006。

(3)加气混凝土砌块多用于高层建筑物非承重的内外墙,也用于一般建筑物的承重墙,还用于屋面保温,是当前重点推广的节能建筑墙体材料之一。但不能用于建筑物基础和处于浸水、高湿和有化学侵蚀的环境(如强酸、强碱或高浓度 CO_2),也不能用于表面温度高于 80 ℃的承重结构部位。

2. 蒸养粉煤灰砌块

粉煤灰硅酸盐砌块,简称为粉煤灰砌块(代号 FB),是以粉煤灰、石灰、石膏和集料(炉渣、硬矿渣)等为原料,经加水搅拌、振动成型、蒸汽养护而制成的密实砌块。

粉煤灰砌块可用于一般工业和民用建筑物墙体和基础。但不宜用在有酸性介质侵蚀的建筑部位,也不宜用于经常受高温影响的建筑物。在常温施工时,砌块应提前浇水润湿。

3. 混凝土小型空心砌块

混凝土小型空心砌块(代号为 H)是由水泥、粗、细集料加水搅拌,经装模、振动成型,并经养护而成,空心率不小于 25%。它分为承重砌块和非承重砌块两类。

混凝土小型空心砌块具有质量轻、生产简便、施工速度快、适用性强、造价低等优点,适用于建造地震设计烈度为 8 度及 8 度以下地区的一般民用与工业建筑物的墙体(建筑外墙填充、内墙隔断、内外墙承重），也可用于围墙、桥梁、花坛等市政设施。

4. 轻集料混凝土小型空心砌块

轻集料混凝土小型砌块（代号为 LHB）是由水泥、轻集料、普通砂、掺合料、外加剂，加水搅拌，灌模成型、养护而成。

轻集料混凝土小型空心砌块的主规格尺寸为 390 mm×190 mm×190 mm。按砌块内孔洞排数分为实心(0)、单排孔(1)、双排孔(2)、三排孔(3)和四排孔(4)五类。

轻集料混凝土小型空心砌块按体积密度分为 500 kg/m^3、700 kg/m^3、800 kg/m^3、900 kg/m^3、1 000 kg/m^3、1 200 kg/m^3 及 1 400 kg/m^3 七个等级。按抗压强度分为 MU2.5、MU3.5、MU5.0、MU7.5、MU10.0 五个强度等级。按砌块尺寸偏差和外观质量，分为一等品(B)及合格品(C)两个质量等级。

轻集料混凝土小型空心砌块因其轻质、高强、绝热性能好、抗震性能好等特点，广泛应用于非承重结构的围护和框架结构的填充墙，也可用于既承重又保温或专门保温的墙体。

7.3 基本训练

一、名词解释

天然石材　　　　人造石材　　　　石材风化　　　　烧结普通砖

烧结多孔砖　　　烧结空心砖　　　泛霜　　　　　　石灰爆裂　　　　　　砌块

二、单项选择题(下列各题中只有一个正确答案，请将正确答案的序号填在括号内)

1. 低耐水石材的软化系数 K_p 大小为(　　　)。

　A. ≥0.90　　　　　　　　　　　　　　B. 0.75～0.90

　C. 0.60～0.75　　　　　　　　　　　　D. ≤0.6

2. 一般认为吸水率小于(　　　)的石材，冻融破坏的可能性很小，可以考虑不做抗冻性试验。

　A. 0.1%　　　　　　　　　　　　　　　B. 0.5%

　C. 1%　　　　　　　　　　　　　　　　D. 2%

3. 烧结普通砖的规格为(　　　)。

　A. 240 mm×110 mm×50 mm　　　　　B. 240 mm×120 mm×55 mm

　C. 240 mm×115 mm×53 mm　　　　　D. 240 mm×115 mm×55 mm

4. 考虑 10 mm 砌筑灰缝，则 1 m³ 砌体需烧结普通砖（　　　）块。

    A. 510　　　　　　　　B. 550　　　　　　C. 612　　　　D. 512

5. 烧结普通砖强度等级的划分依据是（　　　）。

    A. 外观质量　　　　　　　　　　　　　　　B. 抗压强度平均值和标准值

    C. 抗压强度标准值　　　　　　　　　　　　D. 抗压强度

6. 根据《烧结普通砖》(GB/T 5101—2017)规定，（　　　）砖不得有严重泛霜。

    A. 特等品　　　　　　　　　　　　　　　　B. 一等品

    C. 优等品　　　　　　　　　　　　　　　　D. 合格品

7. 砌筑有保温要求的六层以下建筑物的承重墙宜选用（　　　）。

    A. 烧结空心砖　　　　　　　　　　　　　　B. 空心砌块

    C. 烧结普通砖　　　　　　　　　　　　　　D. 烧结多孔砖

8. 烧结空心砖的孔洞率不小于（　　　）。

    A. 40%　　　　　　　　　　　　　　　　　B. 28%

    C. 15%　　　　　　　　　　　　　　　　　D. 10%

三、多项选择题(下列各题中有 2～4 个正确答案，请将正确答案的序号填在括号内)

1. 砖是砌筑用的小型块材，按生产工艺可分为（　　　）。

    A. 烧结砖　　　　　　　　　　　　　　　　B. 非烧结砖

    C. 空心砖　　　　　　　　　　　　　　　　D. 实心砖

2. 根据（　　　）等情况，烧结普通砖分为优等品、一等品和合格品三个质量等级。

    A. 尺寸偏差　　　　　　　　　　　　　　　B. 外观质量

    C. 泛霜　　　　　　　　　　　　　　　　　D. 石灰爆裂

3. 判定砖的抗风化性能，通常用的指标是（　　　）。

    A. 抗冻性　　　　　　　　　　　　　　　　B. 尺寸偏差

    C. 吸水率　　　　　　　　　　　　　　　　D. 饱和系数

4. 烧结普通砖按规定进行抗压强度试验，当变异系数小于 0.21 时，用（　　　）来评定其
强度等级。

    A. 抗压强度平均值　　　　　　　　　　　　B. 强度标准差

    C. 强度标准值　　　　　　　　　　　　　　D. 变异系数

5. 按建筑砌块在结构中的作用可分为（　　　）。

    A. 承重砌块　　　　　　　　　　　　　　　B. 烧结砌块

    C. 蒸养砌块　　　　　　　　　　　　　　　D. 非承重砌块

四、判断题(请在正确的题后括号内打"√"，错误的打"×")

1. 通常，同种石材表观密度越大，其抗压强度越高，吸水率越小，耐久性越高，导热性越好。 （　　）

2. 软化系数大于 0.80 的石材，不允许用于重要建筑。 （　　）

3. 建筑物中所有的石料，应该是质地均匀、没有显著风化迹象、没有裂缝、不含易风化矿物的坚硬岩石。 （　　）

4. 粉煤灰砌块既可用于一般工业和民用建筑物墙体和基础，也可用于有酸性介质侵蚀的建筑部位及常受高温影响的建筑物。 （　　）

5. 石材的耐水性用软化系数表示，软化系数越小，则耐水性越好。 （　　）

6. 砖的强度等级就是质量等级。 （　　）

7. 有承重要求的高层建筑物墙体，不宜选用加气混凝土砌块。 （　　）

8. 砖的抗风化性能是烧结普通砖耐久性的重要标志之一。抗风化性能越好，砖的使用寿命越长。 （　　）

9. 烧结多孔砖的强度较高，且绝热性能优于普通砖，常被用于砌筑六层以下建筑物的承重墙。 （　　）

10. 烧结普通砖烧制得越密实，则其质量越好。 （　　）

五、填空题

1. 石材在建筑工程中常被用作_____、_____和_____。

2. 在建筑设计和施工中，选用石材应注意_____和_____两个原则。

3. 按砖的规格、孔洞率、孔的尺寸大小和数量，分为_____砖、_____砖和_____砖。

4. 烧结普通砖的标准尺寸为_____×_____×_____，因此_____块砖长、_____块砖宽、_____块砖厚，分别加灰缝（每个按 10 mm 计），其长度均为 1 m。理论上，1 m³ 砖砌体大约需要砖_____块。

5. 烧结普通砖成品中不允许有_____、_____和_____；否则，该批产品不合格。

6. 烧结多孔砖是指以黏土或_____、_____、_____为主要原料，经过成型、干燥和_____而成的，孔洞率不小于_____，主要用于_____部位的砖。

六、简答题

1. 根据什么指标来确定烧结普通砖、烧结多孔砖和烧结空心砖的强度等级和产品等级？

2. 烧结普通砖在砌筑前为什么要预先浇水润湿？

3. 什么是石灰爆裂？石灰爆裂有什么危害？

4. 为什么要将推广和使用建筑砌块作为墙体材料的一种发展方向？

5. 加气混凝土砌块有哪些用途？

七、计算题

有烧结普通砖一批，抽样 10 块做抗压强度试验，每块砖的受压面积以 100 mm×115 mm 计，破坏荷载试验结果见表 7-2。试评定该批砖的强度等级。

表 7-2　试验结果

砖编号	1	2	3	4	5	6	7	8	9	10
破坏荷载/kN	254	270	218	183	238	259	191	280	220	254
抗压强度/MPa										

第8章 建筑玻璃和陶瓷

8.1 学习要求

8.1.1 建筑玻璃

1. 应知

(1)建筑玻璃的含义和主要成分。

(2)玻璃的物理、化学和光学性能。

(3)各类平板玻璃、安全玻璃和特种玻璃的特点。

2. 应会

各类平板玻璃、安全玻璃和特种玻璃的应用。

8.1.2 建筑陶瓷

1. 应知

(1)建筑陶瓷的含义和主要种类。

(2)内墙面砖、外墙面砖、地砖、陶瓷马赛克以及卫生陶瓷的主要特点。

2. 应会

(1)内墙面砖、外墙面砖的应用。

(2)地砖和陶瓷马赛克的应用。

8.2 学习要点

8.2.1 建筑玻璃

玻璃是以石英砂（SiO_2）、纯碱（Na_2CO_3）、石灰石（$CaCO_3$）、长石等为主要原料，与其他辅助性材料混合，经熔融、成型、冷却、退火而制成的一种无定形硅酸盐固体材料。其主要成分是 SiO_2（约 72%）、Na_2O（约 15%）、CaO（约 9%）和少量的 Al_2O_3、MgO、K_2O 等。

玻璃的抗压强度高而抗拉强度低，冲击荷载作用下极易破碎，是典型的脆性材料；玻璃的绝热、隔声性较好而热稳定性差，遇沸水易破裂；玻璃有较好的化学稳定性及耐酸性，能抵抗除氢氟酸以外的多种酸的侵蚀。

玻璃的最大特点是透光和透视，建筑中常用的有平板玻璃、安全玻璃和特种玻璃等。

1. 平板玻璃

(1)普通平板玻璃是未经加工的钠钙玻璃类平板，透光率为 85%～90%，主要用于门、窗，起透光、透视、保温、隔声、挡风雨等作用。

(2)磨砂玻璃又称毛玻璃，是将平板玻璃用手工研磨或机械喷砂等方法处理表面而得。其特点是透光而不透视。

(3)压花玻璃又称滚花玻璃，是将熔融玻璃液在快冷中通过带图案花纹的辊轴滚压而成。压花玻璃有透光而不透视的效果。

(4)彩色玻璃有透明和不透明两种，可以拼成各种花纹、图案。

2. 安全玻璃

(1)钢化玻璃又称强化玻璃，是用物理或化学的方法，在玻璃表面形成一个压应力层，使玻璃具有更高的抗压强度。钢化玻璃的抗弯强度比普通玻璃大，韧性高，不会炸裂，破碎时形成无锐角的小碎块，不易飞溅伤人。

(2)夹丝玻璃又称防破碎玻璃，是将经预热处理的钢丝或钢丝网压入已软化的红热玻璃中间而制成。夹丝玻璃的抗折强度、抗冲击能力和耐温度剧变性能都比普通玻璃好。

(3)夹层玻璃是将两片或两片以上的玻璃用聚乙烯醇缩丁醛塑料衬片黏结而制成。夹层玻璃被击碎后，仅产生辐射状裂纹而不脱落。

3. 特种玻璃

(1)热反射玻璃又称镜面玻璃，是在玻璃表面用热解、蒸发、化学处理等方法喷涂金、银、铝、铜、铬、铁等金属及金属氧化物或粘贴有机物的薄膜，或以某种金属离子置换玻璃表层中原有的离子而制成。它既保持良好的透光性能，又具有较高的热反射性能。

(2)吸热玻璃是能吸收大量红外线辐射能并保持较高可见光透过率的平板玻璃，也称着色玻璃。

(3)光致变色玻璃是在玻璃中加入卤化银，或在玻璃与有机夹层中加入钼和钨的感光化合物，能产生光致变色效果的玻璃。光致变色玻璃可自动调节室内光线的强弱。

(4)泡沫玻璃是按碎玻璃100、发泡剂(石灰石、碳化钙等)1~2配料，经粉磨、混合、装模后烧成。其热导率低，强度较一般泡沫制品高，不透水、不透气，防火、抗冻，隔声性能好，表观密度小，绝热性好。

(5)中空玻璃是由两片或多片平板玻璃，其周边用间隔框分开，并用密封胶密封，使玻璃层间形成有干燥气体空间的产品。

8.2.2 建筑陶瓷

陶瓷是把黏土原料、瘠性原料及溶剂原料经过适当的配比、粉碎、成型并在高温熔烧情况下，经过一系列物理化学作用后形成的坚硬物质，是陶器和瓷器的总称。

建筑陶瓷是用于建筑物墙面、地面及卫生设备的陶瓷材料及制品。产品主要分为陶瓷面砖和卫生陶瓷两大类。

1. 陶瓷面砖

陶瓷面砖是外墙砖、釉面砖和地砖的总称，是用作墙、地面等贴面的薄片或薄板状陶瓷质装修材料。其有内墙面砖、外墙面砖、地面砖、陶瓷马赛克和陶瓷壁画等。

2. 卫生陶瓷

卫生陶瓷是用优质黏土做原料，经配制料浆、灌浆成型、上釉焙烧而成。其表面光洁，吸水率小，强度高，耐腐蚀。建筑上所用的卫生陶瓷包括各种盥洗器、大小便器、浴盆等。

8.3 基本训练

一、名词解释

玻璃　　　建筑陶瓷　　　内墙面砖　　　外墙面砖　　　地砖　　　陶瓷马赛克

二、单项选择题（下列各题中只有一个正确答案，请将正确答案的序号填在括号内）

1. 下列最适用于商品陈列窗、冷库、仓库、计算机房等处的玻璃是（　　）。

   A. 普通平板玻璃　　　　　　　　　B. 中空玻璃

   C. 吸热玻璃　　　　　　　　　　　D. 泡沫玻璃

2. 由熔融的玻璃液在快冷中通过带图案花纹的辊轴滚压而成的玻璃是（　　）。

   A. 磨砂玻璃　　　　B. 滚花玻璃　　　　C. 夹层玻璃　　　　D. 泡沫玻璃

3. 可锯、可钉、可钻，是良好绝热材料的玻璃是（　　）。

   A. 吸热玻璃　　　　B. 钢化玻璃　　　　C. 夹层玻璃　　　　D. 泡沫玻璃

4. 质坚，耐磨，抗折强度高，吸水率一般小于 4％ 的陶瓷面砖是（　　）。

   A. 外墙面砖　　　　B. 地砖　　　　　　C. 内墙面砖　　　　D. 陶瓷马赛克

5. 主要用于镶嵌卫生间、门厅、餐厅、浴室等处的地面及内墙面的陶瓷面砖是（　　）。

   A. 马赛克　　　　　B. 地砖　　　　　　C. 内墙面砖　　　　D. 卫生陶瓷

三、多项选择题（下列各题中有 **2～4** 个正确答案，请将正确答案的序号填在括号内）

1. 生产玻璃的主要原料是（　　）。

   A. 石英砂（SiO_2）　　　　　　　B. 纯碱（Na_2CO_3）

   C. 石灰石（$CaCO_3$）　　　　　　D. 长石

2. 下列具有透光而不透视效果的玻璃是（　　）。

   A. 普通平板玻璃　　　　　　　　　B. 压花玻璃

   C. 磨砂玻璃　　　　　　　　　　　D. 彩色玻璃

3. 下列不是安全玻璃的有（　　）。

   A. 钢化玻璃　　　　　　　　　　　B. 夹层玻璃

   C. 滚花玻璃　　　　　　　　　　　D. 普通平板玻璃

4. 卫生陶瓷是用优质黏土做原料，经配制料浆、灌浆成型、上釉焙烧而成。产品要求
   表面光洁，强度高，（　　）。

   A. 吸水率小　　　　B. 质量轻　　　　　C. 防火防潮　　　　D. 耐腐蚀

5. 可用于地面装饰的陶瓷面砖有(　　　)。

    A. 内墙面砖　　　　　　　　　　B. 外墙面砖

    C. 地砖　　　　　　　　　　　　D. 陶瓷马赛克

四、判断题(请在正确的题后括号内打"√"，错误的打"×")

1. 玻璃有较好的化学稳定性及耐酸性，能抵抗除氢氟酸以外的多种酸的侵蚀。(　　)

2. 玻璃的绝热、隔声性较好而热稳定性差，遇沸水易破裂。(　　)

3. 压花玻璃不能切割磨削，边角不能碰击，使用时需选现成尺寸规格或与厂家协商提供。(　　)

4. 钢化玻璃是钢材和玻璃的复合物。(　　)

5. 内墙面砖既可用于室内饰面，也可用于外墙装饰。(　　)

6. 外墙面铺贴面砖后，不仅能大大提高建筑物的艺术及卫生效果，而且能提高建筑物的耐久性。(　　)

7. 地砖是装饰地面用的块状陶瓷，按其尺寸分为两类，尺寸较大者为铺地砖，尺寸较小而薄者称为陶瓷马赛克。(　　)

8. 陶瓷马赛克不仅可用于铺地，也可用于外墙或内墙的贴面。(　　)

五、填空题

1. 玻璃中最主要的成分是_____。

2. 玻璃是重要的建筑材料，最大特点是_____和_____，有很好的艺术装饰作用。

3. _____又称镜面玻璃，在建筑物上大面积使用，即成玻璃幕墙。适用于有绝热要求的建筑物门窗、玻璃幕墙、汽车和轮船的玻璃等。

4. 陶瓷是_____和_____的总称。

5. 建筑陶瓷是用于建筑物墙面、地面及卫生设备的陶瓷材料及制品，其产品主要包括_____和_____两大类。

6. 光致变色玻璃受太阳光或其他光线照射，颜色随光线的_____而逐渐变暗，停止照射后又_____原来的颜色。

六、简答题

1. 玻璃有哪些基本特性？

2. 外墙砖具有哪些特点？

3. 陶瓷马赛克主要用于哪些方面？

4. 为什么内墙面砖不宜用于外墙装饰和地面材料使用？

第9章 建筑钢材

9.1 学习要求

9.1.1 钢的分类

1. 应知

(1)建筑钢材的含义和优缺点。

(2)铁和钢的概念。

(3)钢的分类方法。

2. 应会

沸腾钢与镇静钢的性能特点。

9.1.2 建筑钢材的性能

1. 应知

(1)力学性能：①低碳钢从受拉至拉断所经历的四个阶段；②弹性模量的物理意义；③屈强比的含义；④伸长率大小与钢材性能的关系；⑤钢材冲击韧性的含义和影响因素；⑥钢材的冷脆性和时效敏感性含义；⑦钢材布氏硬度与抗拉强度之间的关系。

(2)工艺性能：①钢材冷弯性能的含义及冷弯试验的意义；②影响钢材可焊性的因素。

(3)影响钢材性能的主要因素：①合金元素碳、杂质元素磷硫对钢材性能的影响；②钢材热脆性的含义；③钢材晶体组织的三种基本形式及其性能特点；④钢材锈蚀的含义、种类。

2. 应会

(1)力学性能：①根据屈强比评价钢材的利用率和安全工作程度；②屈服强度、抗拉强度及伸长率的计算；③钢材时效敏感性的大小与选用。

(2)工艺性能：①钢材冷弯性能的检测；②焊接结构用钢的选用。

(3)影响钢材性能的主要因素：①钢材含碳量高低与机械性能的关系；②防止钢材锈蚀的方法。

9.1.3　建筑钢材的技术标准及选用

1. 应知

(1)钢结构用钢材：①碳素结构钢牌号的表示方法；②低合金高强度结构钢牌号的表示方法。

(2)钢筋混凝土结构用钢材：①热轧钢筋的分类、分级以及各级的牌号和外观特征；②冷轧带肋钢筋的牌号；③预应力混凝土用钢丝的分类及产品标记；④预应力钢绞线的种类。

2. 应会

(1)钢结构用钢材：①碳素结构钢的性能和应用；②低合金高强度结构钢的性能和应用。

(2)钢筋混凝土结构用钢材：①热轧钢筋的性能和应用；②冷轧带肋钢筋的性能和应用；③预应力钢绞线的性能和应用。

9.2　学习要点

建筑钢材是建筑工程中使用的各种钢材，包括用于钢结构的各种型钢、钢板、钢管和用于钢筋混凝土结构的各种钢筋、钢丝、钢绞线等。

钢材的优点：材质均匀、性能可靠、强度高、弹性模量大、塑性及韧性好、承受冲击荷载和动力荷载能力强，能够切割、焊接、铆接，便于加工和装配。

钢材的缺点：易锈蚀、维护费用高、耐火性差、生产能耗大。

9.2.1　钢的分类

钢是由生铁冶炼而成的，钢和铁都是铁碳合金。

含碳量在 $2.06\%\sim6.67\%$ 的铁碳合金（硫、磷等杂质含量较高），称为生铁。根据铁与碳的结合形态不同，将生铁分为白口铁和灰口铁。白口铁中的碳以 Fe_3C 形式存在，质地硬脆，加工困难，主要作为炼钢的原料，又称炼钢生铁；灰口铁中的碳大部分以石墨状游离形式存在，质地较软，适于直接加工，又称铸造生铁。

理论上凡含碳量在 $0.04\%\sim2.06\%$ 的铁碳合金(硫、磷等杂质含量较少)，称为钢。

含碳量小于 0.04% 的铁碳合金，称为工业纯铁。

1. 按冶炼方法分类

按冶炼方法不同，分为转炉炼钢、平炉炼钢和电炉钢三种。

2. 按脱氧程度分类

按冶炼时脱氧程度不同，分为沸腾钢、镇静钢、半镇静钢及特殊镇静钢四种。

3. 按化学成分分类

按化学成分不同，分为非合金钢、低合金钢和合金钢三大类。

4. 按质量等级分类

按硫、磷含量，将非合金钢和低合金钢分为普通质量、优质和特殊质量三个等级；将合金钢分为优质和特殊质量两个等级。

5. 按用途分类

按用途可将钢分为结构钢、工具钢和特殊性能钢三大类。

9.2.2 建筑钢材的性能

钢材的性能主要包括力学性能和工艺性能两个方面。

1. 力学性能

力学性能主要包括抗拉性能、抗冲击韧性、疲劳强度和硬度。

(1)抗拉性能是建筑钢材最重要的技术性能。低碳钢受拉至拉断，经历了弹性阶段、屈服阶段、强化阶段和颈缩阶段。

1)弹性阶段应力与应变的比值为常数，即弹性模量 E。弹性模量反映钢材抵抗弹性变形的能力，是钢材在受力条件下计算结构变形的重要指标。对于同一种钢材，E 为一常数。

2)屈服阶段的下屈服点应力值比较稳定且易测定，因此规定其为屈服强度 σ_s。钢材受力达到屈服点后将产生较大的塑性变形，不能满足正常使用要求，因此，结构设计中以屈服强度 σ_s 作为钢材强度取值的依据。

3)强化阶段最高点的应力值称为极限抗拉强度，简称抗拉强度 σ_b，它是钢材受拉时所能承受的最大应力值。根据屈强比(σ_s/σ_b)来评价钢材的利用率和安全工作程度。适宜的屈强比应该是在保证安全使用的前提下，钢材有较高的利用率，通常屈强比在 0.60~0.75 比较合适。

4)颈缩阶段是指试件断面在有杂质或缺陷处急剧缩小，直到断裂。拉断后拼合起来的试件长度 L_1(mm)与原试件标距长度 L_0(mm)之差为塑性变形值，它与 L_0 之比称为伸长率(δ)。伸长率 δ 是衡量钢材塑性的一个重要指标，δ 越大说明钢材的塑性越好，且强度较低。原标距 L_0 与直径 d_0 之比越小，则颈缩处伸长值在整个伸长值中的比重越大，计算出来的伸长率 δ 值就越大。通常以 δ_5 和 δ_{10}（分别表示 $L_0=5d$ 和 $L_0=10d$ 时的伸长率）为基准，对于同一种钢材，其 δ_5 大于 δ_{10}。

中碳钢与高碳钢(硬钢)的屈服现象不明显，难以测定屈服点，规定产生残余变形为原标距长度的 0.2% 的应力值作为其屈服强度，称为条件屈服点，用 $\sigma_{0.2}$ 表示。

(2)抗冲击韧性是指钢材抵抗冲击荷载作用而不破坏的能力，用 α_k 表示。α_k 值越大，钢材的冲击韧性越好。

影响钢材冲击韧性的因素主要有钢材的化学成分、内在缺陷、加工工艺及环境温度等。

常温下，随着温度下降，冲击韧性降低很小，但当温度降至某一温度范围时，α_k 会突然发生明显下降，钢材开始呈脆性断裂，称为冷脆性。发生冷脆性时的温度(范围)称为脆性临界温度(范围)。在北方严寒地区选用钢材时，必须对钢材的冷脆性进行评定，所选用钢材的脆性临界温度应比环境最低温度低些。

为了保证安全，对一切承受动荷载并可能在负温下工作的建筑钢材，都必须通过冲击韧性试验，应当选用时效敏感性小的钢材。

(3)疲劳破坏是指钢材在交变荷载反复作用下，往往在远小于其抗拉强度时发生突然破坏的现象。疲劳破坏的危险应力用疲劳强度表示，通常取交变应力循环次数 $N=10^7$ 时，试件不发生破坏的最大应力作为疲劳强度。钢材疲劳强度与其内部组织状态、成分偏析、杂质含量及各种缺陷有关，钢材表面光洁程度和受腐蚀等都会影响疲劳强度。

(4)硬度是指材料抵抗另一更硬物体压入其表面的能力，用 HB 表示。建筑钢材常用的硬度指标是布氏硬度，各类钢材的布氏硬度与抗拉强度之间存在一定关系。一般来说，钢材的抗拉强度越高，塑性变形抵抗力越强，硬度值也就越大。对于碳素钢，当 HB<175 时，$\sigma_b \approx 3.6HB$；HB>175 时，$\sigma_b \approx 3.5HB$，因此可以通过钢材的 HB 值来估算该钢材的 σ_b。

2. 工艺性能

工艺性能主要包括冷弯性能和焊接性能。

(1)冷弯性能是指钢材在常温下承受弯曲变形的能力。冷弯试验是按规定的弯曲角度和弯心直径进行试验，试件的弯曲处不发生裂缝、裂断或起层，即认为冷弯性能合格。试验时弯曲角度越大，弯心直径对试件厚度（或直径）的比值越小，表示对冷弯性能的要求越高。

通过冷弯试验，钢材局部发生非均匀变形，更有助于暴露钢材的某些内在缺陷，它能揭示钢材内部是否存在组织不均匀、内应力和夹杂物等缺陷。

(2)焊接性能是指钢材是否适应用通常的方法与工艺进行焊接的性能。可焊性好的钢材，指易于用一般焊接方法和工艺施焊，焊口处不易形成裂纹、气孔、夹渣等缺陷；焊接后钢材的力学性能，特别是强度不低于原有钢材，硬脆倾向小。

钢材的可焊性主要取决于钢材的化学成分。

3. 影响钢材性能的主要因素

(1)建筑钢材的主要元素是铁和碳，在常温下形成三种基本组织：一为铁素体，其碳含量少、强度低、塑性好；二为渗碳体，其强度高、塑性低；三为珠光体，是铁素体与渗碳体形成的机械混合物，其性质介于两者之间。

随着含碳量增加，钢的硬度和抗拉强度不断增大，塑性、韧性和可焊性不断降低，强度则以含碳量 0.8% 左右为最高。当含碳量超过 1% 时，随着其增加，除硬度继续增加外，钢材的强度、塑性、韧性都降低。

(2)钢材的杂质元素主要有磷、硫。①磷一部分固溶于铁素体中，另一部分则以 Fe_3P 形态存在，使钢在常温下的强度和硬度增加，塑性和韧性显著降低。但磷使钢易切削，耐蚀性提高。普通碳素钢中磷的最高含量不得大于 0.085%。②硫含量增加，会显著降低钢的韧性、热加工性能和可焊性。在焊接等热加工时，含硫量的钢材内部易出现热裂纹，称为热脆性。普通碳素钢中硫的最高含量不得大于 0.065%。

(3)钢材锈蚀是指钢材表面与周围介质发生化学反应而遭到破坏的过程。诱发钢材锈蚀的环境因素主要有湿度、侵蚀性介质性质及数量等。根据钢材与周围介质的不同作用，将锈蚀分为化学锈蚀和电化学锈蚀。

化学锈蚀是指钢材直接与周围介质发生化学反应而产生的锈蚀，多数是氧化作用，使钢材表面形成疏松的铁氧化物。电化学锈蚀是由于金属表面形成了原电池而产生的锈蚀。电化学锈蚀是最主要的钢材锈蚀形式。

钢材锈蚀时，伴随体积增大，最严重的可达原体积的 6 倍，在钢筋混凝土中会使周围的混凝土胀裂。

防止钢材锈蚀常采用施加保护层和制成合金钢的方法。

9.2.3 建筑钢材的技术标准及选用

建筑钢材可分为钢结构用钢材(各种型钢、钢板、钢管)和钢筋混凝土结构用钢材(各种钢筋、钢丝)两大类。

1. 钢结构用钢材

(1)碳素结构钢牌号:由代表屈服强度的字母 Q、屈服强度数值、质量等级符号、脱氧方法符号四个部分按顺序组成。屈服强度的数值分为 195 MPa、215 MPa、235 MPa、275 MPa 四种;按硫、磷杂质含量由多到少分为 A、B、C、D 四个质量等级;按脱氧方法不同分别用 F 表示沸腾钢、Z 表示镇静钢、TZ 表示特殊镇静钢。对于"Z"和"TZ"在钢的牌号中可予省略。

碳素结构钢的技术要求包括化学成分、冶炼方法、力学性能、交货状态及表面质量等五个方面。

(2)碳素结构钢的性能和应用:Q195 与 Q215 强度较低、塑性韧性较好,易冷加工和焊接,常用于作铆钉、螺钉、钢丝等;Q235 强度较高,塑性韧性也较好,可焊性较好,为建筑工程中主要的钢号;Q275 强度高、塑性韧性较低,可焊性较差,且不易冷弯,多用于机械零件,极少数用于混凝土配筋及钢结构或制作螺栓。

2. 低合金高强度结构钢

(1)低合金高强度结构钢的牌号。由代表屈服强度"屈"字的汉语拼音首字母 Q、规定的最小上屈服强度数值、交货状态代号、质量等级符号(B、C、D、E、F)四个部分组成。交货状态为热轧时,交货状态代号 AR 或 WAR 可省略;交货状态为正火或正火轧制状态时,交货状态代号均用 N 表示。另外,Q+规定的最小上屈服强度数值+交货状态代号,简称为"钢级"。

低合金高强度结构钢的技术要求包括化学成分、冶炼方法、交货状态、力学性能和工艺性能、表面质量等方面。

(2)低合金高强度结构钢的性能和应用:低合金高强度结构钢的屈服强度和抗拉强度高,耐磨性、耐蚀性及耐低温性能好,是综合性能较为理想的建筑钢材,在大跨度、承受动荷载和冲击荷载的结构中更适用,与使用碳素结构钢相比,可节约钢材 20%～30%。常用低合金高强度结构钢轧制型钢、钢板来建筑桥梁、高层及大跨度建筑。

3. 钢筋混凝土结构用钢材

钢筋混凝土结构用的钢筋和钢丝,主要由碳素结构钢和低合金结构钢轧制而成。其主要品种有热轧钢筋、冷轧带肋钢筋、预应力混凝土用钢丝和钢绞线。

(1)热轧钢筋是指用加热钢坯轧成的条形成品钢筋。按轧制外形分类，可分为热轧光圆钢筋和热轧带肋钢筋两类。热轧带肋钢筋按肋纹的形状可分为月牙肋和等高肋。

按屈服强度特征值，热轧光圆钢筋分为 235、300 级，热轧带肋钢筋分为 400、500、600 级。热轧钢筋的牌号分别为 HPB235、HPB300、HRB400、HRB500、HRB600、HRB400E、HRB500E、HRBF400、HRBF500、HRBF400E、HRBF500E，热轧钢筋的牌号以阿拉伯数字或阿拉伯数字加英文字母表示，HRB400、HRB500、HRB600 分别以 4、5、6 表示，HRBF400、HRBF500 分别以 C4、C5 表示，HRB400E、HRB500E 分别以 4E、5E 表示，HRBF400E、HRBF500E 分别用 C4E、C5E 表示。

HPB235 级钢筋：强度较低，但塑性好、伸长率高、易弯折成型、易焊接，可用作中、小型钢筋混凝土结构的主要受力筋，构件的箍筋，钢、木结构的拉杆等；HRB400 级钢筋：强度较高，塑性及可焊性较好，适用于大、中型钢筋混凝土结构的受力筋；HRB500 级钢筋：强度高但塑性较差，是房屋建筑的主要预应力钢筋。HRB600 级钢筋：采用 HRB600，可节约用钢量，对提高钢筋混凝土结构的综合性能，提高建筑结构的安全性，促进钢铁产业的结构调整和节能减排等，具有十分重要的意义。

(2)冷轧带肋钢筋是指用热轧圆盘条经冷轧后，在其表面带有沿长度方向均匀分布的三面或两面横肋的钢筋。冷轧带肋钢筋有 CRB550、CRB650、CRB800、CRB970 四个牌号。

冷轧带肋钢筋具有强度高、塑性好、与混凝土黏结牢固，节约钢材，质量稳定等优点。CRB550 宜用作普通钢筋混凝土结构，其他牌号宜用在预应力混凝土结构中。

(3)预应力混凝土用钢丝采用优质碳素结构钢制成，按加工状态分为冷拉钢丝（WCD）和消除应力钢丝（低松弛级 WLR、普通松弛级 WNR）两类，按外形分为光圆（P）、螺旋肋（H）、刻痕（I）三种。消除应力钢丝的塑性比冷拉钢丝好，刻痕钢丝和螺旋肋钢丝与混凝土的粘结力好。

预应力混凝土用钢丝的产品标记按预应力钢丝、公称直径、抗拉强度等级、加工状态代号、外形代号和标准号的顺序编写。例如，直径为 6.00 mm，抗拉强度为 1 570 MPa 的低松弛的螺旋肋钢丝，其标记为：预应力钢丝 6.00－1570－WLR－H－GB/T 5223—2014。

(4)预应力钢绞线是以数根优质碳素钢钢丝经绞捻和消除内应力的热处理后制成的。按原材料和制作方法不同，有标准型钢绞线、刻痕钢绞线和模拔型钢绞线三种；按捻制结构不同，钢绞线分为用 2 根钢丝琏捻制的钢绞线（代号 1×2）、用 3 根钢丝琏捻制的钢绞线（代号 1×3）、用 3 根刻痕钢丝捻制的钢绞线（代号 1×3I）、用 7 根钢丝捻制的标准型钢绞线（代号 1×7）、用 6 根刻痕钢丝和 1 根光圆中心钢丝捻制的钢绞线（1×7I）、用 7 根钢丝捻制又经模拔的钢绞线[代号(1×7)C]、用 19 根钢丝捻制的 1＋9＋9 西鲁式钢绞线（代号 1×

19S)、用 19 根钢丝捻制的 1＋6＋6/6 瓦林吞式钢绞线（代号 1×19W）八种结构类型。

预应力钢丝和钢绞线具有强度高、柔韧性好、无接头、质量稳定、施工简便等优点，使用时可按要求的长度切割，主要用于大跨度、大荷载、曲线配筋的预应力混凝土结构，如桥梁、电杆、轨枕、屋架、大跨度吊车梁等。

9.3 基本训练

一、名词解释

沸腾钢　　　　钢材屈服点　　　　钢材冲击韧性　　　　时效敏感性　　　　疲劳强度

冷弯性能　　　Q235AF　　　　　热轧钢筋　　　　　　条件屈服点　　　　冷脆性

二、单项选择题（下列各题中只有一个正确答案，请将正确答案的序号填在括号内）

1. 适宜的屈强比应该是在保证安全使用的前提下，钢材有较高的利用率，通常情况下，屈强比较为合适的范围是（　　）。

　　A. 0.40～0.55　　　　　　　　　　　　B. 0.50～0.65

　　C. 0.60～0.75　　　　　　　　　　　　D. 0.70～0.85

2. 结构设计时，碳素钢以（　　）作为钢材强度取值的依据。

　　A. σ_p　　　　　　B. σ_s　　　　　　C. σ_b　　　　　　D. E

3. 钢材中（　　）含量增加，在进行焊接等热加工时，内部会出现热裂纹，产生"热脆性"。

　　A. 硫　　　　　　B. 磷　　　　　　C. 氮　　　　　　D. 氧

4. 用 3 根刻痕钢丝捻制的钢绞线，其代号是（　　）。

　　A. 1×3　　　　　　B. 1×3A　　　　　　C. 1×3C　　　　　　D. 1×3I

5. 用硅铁、锰铁和铝为脱氧剂，脱氧较充分，铸锭时平静入模，其结构致密，质量好，机械性能好，但成本较高的钢的代号是（　　）。

　　A. F　　　　　　B. Z　　　　　　C. b　　　　　　D. TZ

6. 对于同一种钢材，其 δ_5（　　）δ_{10}。

　　A. 大于　　　　　　B. 等于　　　　　　C. 小于　　　　　　D. 小于等于

7. 钢材在交变荷载反复作用下突然破坏，这是（　　）。

　　A. 冷脆性　　　　　　　　　　　　　　B. 时效敏感性

　　C. 疲劳破坏现象　　　　　　　　　　　D. 屈服现象

8. 钢材在拉伸过程中，应力保持不变，应变迅速增加时的应力为(   )。

    A. 抗拉强度   B. 屈服强度

    C. 上屈服点   D. 下屈服点

9. 钢材拉断后的标距伸长率用于表示钢材的(   )。

    A. 塑性   B. 弹性

    C. 强度   D. 冷弯性能

10. 不属于国家标准规定的碳素结构钢的牌号是(   )。

    A. Q215   B. Q235

    C. Q255   D. Q275

三、多项选择题(下列各题中有 2~4 个正确答案，请将正确答案的序号填在括号内)

1. 下列属于钢材主要力学性能的是(   )。

    A. 抗拉性能   B. 冷弯性能

    C. 抗冲击韧性   D. 硬度

2. 焊接的质量取决于(   )。

    A. 焊接工艺   B. 焊接材料

    C. 钢的焊接性能   D. 环境温度

3. 下列属于钢材主要合金元素的有(   )。

    A. 碳   B. 锰

    C. 硅   D. 钒

4. 当钢材中含硅量大于 1% 时，将显著降低钢材的(   )。

    A. 塑性   B. 韧性

    C. 可焊性   D. 冷脆性

5. 下列做法属于钢材防锈蚀中施加非金属保护层的是(   )。

    A. 在钢材外面包裹塑料   B. 钢材在生产中加入铬元素

    C. 在钢材外面涂刷沥青   D. 在钢材外面刷漆

6. 下列属于热轧光圆钢筋优点的是(   )。

    A. 强度高   B. 可焊性好

    C. 易弯折成型   D. 塑性好

7. 与冷拔低碳钢丝相比较，冷轧带肋钢筋的优点是(   )。

    A. 强度高   B. 塑性好

    C. 与混凝土粘结牢固   D. 易弯折成型

8. 下列属于预应力钢丝和钢绞线主要应用领域的是（　　　）。

    A. 屋架   B. 桥梁

    C. 普通钢筋混凝土结构   D. 电杆

9. 钢随着含碳量增加，其不断降低的性能有（　　　）。

    A. 硬度   B. 抗拉强度

    C. 塑性   D. 韧性和可焊性

10. 钢中氧含量增加，而随之降低的性能有（　　　）。

    A. 机械强度   B. 塑性和韧性

    C. 热脆性   D. 可焊性

四、判断题（请在正确的题后括号内打"√"，错误的打"×"）

1. 在理论上凡含碳量在 2% 以下，有害杂质含量较少的铁碳合金都称为钢。（　　　）

2. 屈服强度是钢材受拉时所能承受的最大应力值。（　　　）

3. 伸长率是衡量钢材塑性的一个重要指标，其值越大说明钢材的塑性越好，而强度较低。（　　　）

4. 承受动荷载并可能在负温下工作的建筑钢材，都必须通过冲击韧性试验，并选用时效敏感性大的钢材。（　　　）

5. 一般钢材的抗拉强度高，耐疲劳强度也较高。（　　　）

6. 相对于伸长率而言，冷弯是对钢材塑性更严格的检验，它能揭示钢材内部是否存在组织不均匀、内应力和夹杂物等缺陷。（　　　）

7. 消除应力钢丝的塑性比冷拉钢丝好，刻痕钢丝和螺旋肋钢丝与混凝土的粘结力好。（　　　）

8. 生铁硬而脆，无塑性和韧性，不能进行焊接、锻造、轧制等加工。（　　　）

9. 在结构设计时，屈服点是确定钢材许用应力的主要依据。（　　　）

10. 钢材的屈强比越大，表示使用时的安全度越高。（　　　）

11. 碳素钢的牌号越大，其强度越高，塑性越好。（　　　）

12. 钢含磷较多时呈热脆性，含硫较多时呈冷脆性。（　　　）

13. 特殊镇静钢比镇静钢脱氧更彻底，其质量和性能也优于镇静钢。（　　　）

14. 随着碳及杂质含量的增加，钢材的可焊性降低。（　　　）

15. 钢材的腐蚀主要是化学腐蚀。（　　　）

五、填空题

1. 根据脱氧程度不同，浇铸的钢锭可分为 _____、_____、_____ 及

_____四种。

2. 钢按化学成分分为_____、_____和_____三类。

3. 在北方严寒地区选用钢材时，必须对钢材的_____进行评定，此时所选钢材的脆性临界温度应比环境最低温度_____些。

4. 建筑钢材的主要元素是铁和碳，常温下有三种基本组织：_____、_____、_____。

5. 建筑钢材可分为_____和_____两大类。

6. 热轧钢筋按轧制外形可分为_____和_____两类。

7. 目前，大规模炼钢方法主要有_____、_____和_____。

8. 钢材冷弯试验的指标以_____、_____来表示。

9. 冷轧带肋钢筋的牌号由 CRB 和抗拉强度最小值表示，其中 C、R、B 分别为_____、_____、_____三个词的英文首位字母。

10. 预应力混凝土用钢丝按加工状态分为_____钢丝和_____钢丝两类。

六、简答题

1. 低碳钢受拉直至破坏，依次经历了哪几个阶段？各阶段有何特点？

2. 什么是钢材的冷弯性能？如何判断钢材冷弯性能合格？冷弯试验的作用是什么？

3. 何为钢材锈蚀？钢材锈蚀的原因有哪些？常用什么方法防止钢材锈蚀？

4. 钢中含碳量的高低对钢的性能有何影响？

5. 预应力混凝土用钢丝与钢绞线的特点和用途如何？

七、计算题

从新进的一批钢筋中抽样，截取两根钢筋做拉伸试验，测得结果如下：其屈服下限荷载分别为 46.4 kN 和 46.5 kN，抗拉极限荷载分别为 62.0 kN 和 61.6 kN，钢筋公称直径为 12 mm，标距为 60 mm，拉断时长度分别为 71.1 mm 和 71.5 mm。

要求：

(1)试评定该钢筋的级别。

(2)强度利用率如何？使用这种钢材结构安全度如何？

第10章 木　材

10.1　学习要求

10.1.1　木材的分类和构造

1. 应知

(1)木材的分类。

(2)木材构造特征与性质的关系。

2. 应会

硬木材、软木材的应用。

10.1.2　木材的物理和力学性质

1. 应知

(1)木材中水分的存在形式。

(2)纤维饱和点和平衡含水率的概念。

(3)木材的干缩湿胀特性及不同方向干缩率的比较。

(4)木材强度的影响因素。

2. 应会

(1)木材表观密度与标准表观密度的换算及其适用范围。

(2)木材强度与标准强度的换算及其适用范围。

10.1.3　木材的等级与运用

1. 应知

(1)木材根据加工程度不同的分类情况。

(2)普通木结构构件和轻型木结构构件的材质等级及其适用对象。

(3)人造板及改性木材的种类与生产、应用方法。

2. 应会

(1)圆木和成材的应用。

(2)不同等级木材的应用。

10.1.4　木材的腐朽与防腐措施

1. 应知

木材腐朽的原因。

2. 应会

木材防腐的方法。

10.2　学习要点

10.2.1　木材的分类和构造

1. 树木的分类

树木种类很多，一般分为针叶树和阔叶树两类。针叶树又名软木材，树干通直高大，材质轻软，常用于承重结构。阔叶树又名硬木材，表观密度较大，材质紧硬，适于作连接木结构构件和各种配件。

2. 木材的构造

木材的构造是决定木材性能的重要因素，对木材的研究可从宏观和微观两个方面进行。

树木宏观构造可分为树皮、木质部和髓心三个部分，木材主要使用木质部。木材有呈同心圆分布的年轮。

木材微观构造是由无数管状细胞紧密结合而成。每个细胞分为细胞壁和细胞腔两个部分，细胞壁由若干层纤维组成。细胞之间纵向联结比横向联结牢固，造成细胞纵向强度高，横向强度低。细胞之间有极小的空隙，能吸附水和渗透水分。木材的显微构造随树种而异。

10.2.2　木材的物理和力学性质

1. 木材的含水率

木材的含水率用木材中所含水的质量与木材干燥质量的比值(%)表示。

木材的水分，可分为存在于细胞腔内的自由水和存在于细胞壁内的吸附水两部分。若细胞腔内的自由水已经失去而细胞壁内仍充满水，则此时的含水率称为纤维饱和点。纤维饱和点随树种而异。木材长时间处于一定温度和湿度的空气中，将达到某一相对稳定的含水率，称为平衡含水率。平衡含水率随大气温度和湿度而变化。

2. 木材的干缩湿胀

木材从潮湿状态干燥至纤维饱和点时，其尺寸并不改变；继续干燥，当细胞壁中的水分蒸发时，木材将发生收缩。反之，干燥木材吸湿后，将发生膨胀，直到纤维饱和点时为止。

木材的湿胀干缩值在不同方向上不同。以干缩为例，顺纹方向干缩最小，径向干缩较大，弦向干缩最大。

3. 木材的表观密度

木材的表观密度随含水率的大小而不同，通常以含水率 W 为12%时的表观密度为标准表观密度。当 W 为9%～15%时，表观密度可按下式求得：

$$\rho_{12} = \rho_w[1 - 0.01(1 - K_0)(100W - 12)]$$

式中　ρ_{12}——标准表观密度(g/cm^3)；

　　　ρ_w——含水率为 W 时试件表观密度(g/cm^3)；

　　　W——木材试件含水率(%)；

　　　K_0——试样的体积干缩系数，即木材在纤维饱和点以下，含水率每减少1% 产生的体积收缩的百分率，根据不同树种，其值为0.5～0.6。

4. 木材的强度

木材强度分为抗拉、抗压、抗弯和抗剪强度四种，抗拉、抗压和抗剪又有顺纹和横纹之分。顺纹是指作用力方向与纤维方向平行；横纹是指作用力方向与纤维方向垂直。

木材含水率在纤维饱和点以上变化时，其强度不变；含水率低于纤维饱和点时，随含水量的减少其强度增大。国家标准规定，以木材含水率为12%时的强度为标准，其他含水率时的强度，按下式换算成木材的标准强度（W 在9%～15%范围内有效）：

$$f_{12} = f_w[1 + \alpha(W - 12)]$$

式中 f_{12}——试样在含水率为 12％时的标准强度(MPa)；

f_w——试样在含水率为 W 时的强度(MPa)；

α——校正系数，随树种和作用力形式而异：所有树种的顺纹抗压 $\alpha=0.05$，横纹抗压 $\alpha=0.045$；顺纹抗拉时，阔叶树 $\alpha=0.015$，针叶树 $\alpha=0$；抗弯时所有树种 $\alpha=0.04$；顺纹抗剪时所有树种 $\alpha=0.03$。

10.2.3　木材的等级与运用

1. 木材产品种类

木材根据加工程度不同，分为圆木和成材两类。圆木包括原条和原木，成材包括方材、板材及枕木等。

2. 木材等级

(1)木结构用木材的材质等级。木结构是以木材为主制作的结构，分为普通木结构和轻型木结构。普通木结构用的原木、方木和板材的材质等级分三级；轻型木结构用规格材的材质等级分七级。采用目测法进行分级。

(2)结构用木材的强度等级。针叶树分 TC11、TC13、TC15、TC17 四个强度等级；阔叶树分为 TB11、TB13、TB15、TB17、TB20 五个强度等级。

3. 人造板及改性木材

人造板是利用木材或含有一定量纤维的其他植物做原料，采用物理和化学方法加工制成的板材。主要有纤维板、胶合板和刨花板等。改性木材，是将木材通过树脂的浸渍或高温高压处理的方法，提高木材的性能，如木材层积塑料(层积木)和压缩木等。

10.2.4　木材的腐朽及防腐措施

1. 木材的腐朽

木材受到真菌侵害后会改变颜色，结构逐渐变得松软、脆弱，强度和耐久性降低，这种现象称为木材的腐朽。

木材腐朽主要是由真菌或昆虫的侵害所致。真菌分为变色菌、霉菌和腐朽菌三种。腐朽菌在木材中生长繁殖必须具有适宜的水分、空气及温度。

2. 木材的防腐措施

(1)破坏真菌生存的条件。让木材处于经常通风处，使其保持干燥状态；在木材表面涂刷油漆，既隔绝空气又隔绝水分。

(2)把木材变成有毒物质。把防腐剂注入木材内，使真菌无法寄生。

木材防腐剂种类很多，一般分为水溶性防腐剂、油质防腐剂和膏状防腐剂。

10.3　基本训练

一、名词解释

木材的含水率　　　　纤维饱和点　　　　普通木结构　　　　规格材

人造板　　　　　　改性木材　　　　木材的腐朽

二、单项选择题（下列各题中只有一个正确答案，请将正确答案的序号填在括号内）

1. 当木材从潮湿状态干燥至纤维饱和点时，其尺寸（　　）。

    A. 变小　　　　　　　　　　　　　　B. 变大

    C. 不变　　　　　　　　　　　　　　D. 变大变小难确定

2. 干燥木材吸湿后，将发生膨胀，直到（　　）时为止，此后即使含水率继续增大，也不再膨胀。

    A. 平衡含水率　　　　　　　　　　　B. 纤维饱和点

    C. 含水率为12%　　　　　　　　　　D. 含水率为0

3. 由于径向干缩只是弦向干缩的一半，因此，应用时采用（　　）锯板较为有利。

    A. 横向　　　　　　　　　　　　　　B. 径向

    C. 弦向　　　　　　　　　　　　　　D. 弦向和径向

4. 木材根据加工程度不同，分为（　　）。

    A. 原条和原木　　　　　　　　　　　B. 圆木和成材

    C. 原木和成材　　　　　　　　　　　D. 方材、板材及枕木

5. 适用于闸门滑道等水工结构中特殊部位的木材是（　　）。

    A. 圆木　　　　　　　　　　　　　　B. 胶合板

    C. 压缩木　　　　　　　　　　　　　D. 层积木

6. 经过原料打碎、纤维分离（成为木浆）、成型加压、干燥处理等工序制成的是（　　）。

    A. 纤维板　　　　　　　　　　　　　B. 胶合板

    C. 刨花板　　　　　　　　　　　　　D. 压缩木

7. 木材含水率在纤维饱和点以下时，增加含水率，其强度（　　）。

    A. 提高　　　　　　　　　　　　　　B. 不变

C. 降低   D. 无法确定

8. 木材在进行加工使用前，应预先将其干燥至含水达(   )。

    A. 纤维饱和点   B. 平衡含水率

    C. 标准含水率   D. 12%以下

9. 木材在不同含水量时的强度不同，为比较其强度高低，通常要将其强度转化成与含水率为(   )对应的强度。

    A. 9%   B. 12%

    C. 15%   D. 18%

10. 下列情况中，木材最易腐朽的是(   )。

    A. 木材一直处于干燥通风处 24 个月

    B. 木材一直处于水下 24 个月

    C. 木材按处于水下 6 个月后再处于干燥通风处 6 个月的规律交替保存 24 个月

    D. 木材按 7 天处于水下、7 天处于干燥通风处的规律交替保存 24 个月

三、多项选择题(下列各题中有 **2～4** 个正确答案，请将正确答案的序号填在括号内)

1. 木材的表观密度因含水率的大小而不同，通常以含水率 W 为 12%时的表观密度为标准表观密度。下列(   )的木材实际含水率，可依据相关参数按公式 $\rho_{12} = \rho_w[1 - 0.01(1-K_0)(W-12)]$ 求得其标准表观密度。

    A. 5%   B. 10%

    C. 15%   D. 20%

2. 木材的强度按受力状态，分为(   )强度。

    A. 抗拉   B. 抗压

    C. 抗弯   D. 抗剪

3. 下列选项中影响木材强度主要因素的有(   )。

    A. 含水率   B. 荷载持续时间

    C. 木材缺陷   D. 纤维饱和点

4. 直接使用的原木主要用于(   )等。

    A. 建筑工程   B. 生产胶合板

    C. 制造车船   D. 电杆及坑木

5. 某木材处于含水率为 29.8%的纤维饱和点，据此可以判断其强度一定低于下列(   )含水率的同一木材的强度。

    A. 25%   B. 27%

C. 31%   D. 34%

四、判断题(请在正确的题后括号内打"√",错误的打"×")

1. 就木纤维或管胞而言,细胞壁厚的木材,其表观密度大,强度高;但这种木材不易干燥,胀缩性大,容易开裂。   (   )

2. 潮湿的木材既能在干燥空气中失去水分,也能从周围空气中吸取水分。   (   )

3. 木材的平衡含水率并非固定值,它是随大气的温度和湿度而变化的。   (   )

4. 木材的湿胀干缩值在不同方向上不同,以干缩为例,顺纹方向干缩最大,径向干缩次之,弦向干缩最小。   (   )

5. 制作家具时,所用木材越干越好。   (   )

6. 木材的表观密度越大、夏材百分率越大,强度越高。   (   )

7. 当温度升高并长期受热时,木材的强度也会提高。   (   )

8. 木材的湿胀变形随着含水率的提高而增大。   (   )

9. 木材的强度随着含水量的增加而下降。   (   )

10. 为避免木结构构件在连接处产生干缩缝隙和湿胀凸起,应使木材含水率降至将来结构物所处环境条件相应的平衡含水率后,再加工成各种构件。   (   )

五、填空题

1. 木材的三个切面是指_____、_____和_____。木材在各个切面上的构造不同,具有各向_____性。

2. 木材在一个年轮内,春天生长的部分,颜色_____,材质_____,称为_____;夏、秋两季生长的部分,颜色_____,材质_____,称为_____。树干的中心称为_____,材质大多_____而无_____,易_____。

3. 木材腐朽主要是真菌或昆虫侵害所致。真菌分为变色菌、霉菌和腐朽菌三种,其中_____对木材质量的影响大,另两种菌对木材质量的影响很小。

4. 木材中所含的水分可分为两部分,即存在于细胞腔内的_____水和存在于细胞壁内的_____水。

5. 木材强度试验,应根据《木材物理力学试材锯解及试样截取方法》(GB/T 1929—2009)规定,从采集的原木试材上截取不含_____的各种强度试样毛坯,在_____堆成通风良好的木垛,经_____达到_____时,再制作成试样进行强度试验。

六、简答题

1. 木材具有哪些优良性能和缺点？

2. 简述木材防腐的措施。

3. 木材的强度有哪几种？影响强度的主要因素有哪些？

4. 什么是刨花板？简述人造板的主要优点。

七、计算题

测得某一木材试件，含水率为 11%，顺纹抗压强度为 64.8 MPa，试问：

(1)该木材的标准抗压强度为多少？

(2)当该木材含水率分别为 15%、18%、23%时，强度各为多少？（该木材的纤维饱和点为 15%，校正系数 α 为 0.05）

第 11 章　沥青材料

11.1　学习要求

11.1.1　沥青

1. 应知

(1)石油沥青：①石油沥青的分类和组分；②石油沥青的黏滞性含义及测定方法；③石油沥青的塑性含义及测定方法；④石油沥青的温度敏感性含义及测定方法；⑤石油沥青的大气稳定性含义及表示方法；⑥石油沥青牌号大小与性质的关系。

(2)煤沥青：①煤沥青的组成；②煤沥青的特性。

(3)改性沥青：①沥青改性的目的；②改性沥青的主要品种。

2. 应会

(1)石油沥青：①石油沥青牌号大小与性质的关系；②石油沥青的选用原则；③两种或三种石油沥青的掺配方式。

(2)煤沥青：石油沥青和煤沥青的鉴别方法。

(3)改性沥青：APP 改性沥青和 SBS 改性沥青的特性。

11.1.2　防水卷材

1. 应知

(1)沥青防水卷材：①防水卷材的定义及其分类；②沥青防水卷材的定义及品种。

(2)改性沥青防水卷材：①高聚物改性沥青防水卷材的含义；②高聚物改性沥青防水卷材的特性。

(3)合成高分子防水卷材：①合成高分子防水卷材的含义；②合成高分子防水卷材的

特性。

2. 应会

(1)沥青防水卷材：纸胎沥青防水卷材、玻纤布胎沥青防水卷材和铝箔面沥青防水卷材的应用。

(2)改性沥青防水卷材：①SBS改性沥青卷材的特性和应用；②APP改性沥青卷材的特性和应用。

(3)合成高分子防水卷材：聚氯乙烯防水卷材、三元乙丙橡胶防水卷材、氯化聚乙烯-橡胶共混防水卷材的应用。

11.1.3 沥青防水涂料

1. 应知

(1)沥青防水涂料的含义和分类。

(2)冷底子油的含义和常用配合比。

(3)高聚物改性沥青防水涂料的含义、种类和特点。

2. 应会

(1)冷底子油的应用。

(2)乳化沥青的应用。

(3)高聚物改性沥青防水涂料的应用。

(4)溶剂型氯丁橡胶改性沥青防水涂料、溶剂型氯丁橡胶改性沥青防水涂料的施工注意事项。

11.1.4 沥青混合料

1. 应知

(1)沥青混合料的含义。

(2)沥青混合料的分类。

(3)沥青混合料的结构类型。

(4)沥青混合料应具备的技术性质。

2. 应会

提高混合料抗滑性、施工和易性的方法。

11.2 学习要点

11.2.1 沥青

沥青是一种有机胶凝材料，具有防潮、防水、防腐的性能，主要用于防水工程、防腐工程和道路工程。建筑工程中使用最多的是石油沥青和煤沥青。

1. 石油沥青

石油沥青是石油经蒸馏等提炼出各种轻油(汽油、柴油等)及润滑油后的残留物，经加工处理得到的褐色或黑褐色黏稠状液体或固体状物质。

(1)石油沥青的分类与组分。

1)石油沥青按原油成分，分为石蜡基沥青、沥青基沥青和混合基沥青；按生产方法，分为直馏沥青、氧化沥青和溶剂沥青；按用途，分为道路石油沥青、建筑石油沥青和普通石油沥青。

2)石油沥青一般分为油分、树脂和地沥青质三大组分。

(2)石油沥青的技术性质。

1)黏滞性是指沥青材料在外力作用下，抵抗发生黏性变形的能力。液体沥青的黏滞性用黏滞度表示，沥青的黏滞度大，表示沥青的黏滞性大；半固体或固体沥青的黏滞性用针入度表示，针入度值越大，表示流动性越大，黏性越小。

2)塑性是指沥青在外力作用下产生变形而不破坏的能力。沥青的塑性用延度表示，沥青的延度值越大，表示塑性越好。

3)温度敏感性是指石油沥青的黏滞性和塑性随温度升降而变化的性能。温度敏感性常用软化点来表示，软化点越高，表明温度稳定性越好，温度敏感性越小。

4)大气稳定性是指石油沥青在温度、阳光、空气、水等因素的长期作用下，保持性能稳定的能力。石油沥青的大气稳定性以"蒸发损失率"或"针入度比"表示。蒸发损失率是将石油沥青试样加热到163 ℃恒温5 h，测得蒸发前后的质量损失率。针入度比是指蒸发后针入度与蒸发前针入度的比值。

(3)石油沥青的技术指标。石油沥青的技术指标包括针入度、延度、软化点、溶解度、蒸发损失、蒸发后针入度比和闪点等。石油沥青的牌号主要根据其针入度、延度和软化点等质量指标划分，以针入度值表示。在同一品种石油沥青材料中，牌号越小，针入度值越小，沥青越硬。随着牌号增加（针入度增大），沥青的黏性减小，塑性增加（延度增大），而温度敏感性增大（软化点降低）。

(4)石油沥青的应用。

1)石油沥青的选用原则：在满足使用要求的前提下，尽量选用较大牌号的品种，以保证正常使用条件下具有较长的使用年限。

建筑石油沥青主要用于屋面和各种防水、防腐工程，并用来制作油毡、油纸、防水涂料和沥青胶；道路石油沥青主要用于道路路面或车间地面等工程，一般拌制成沥青混凝土、沥青混合料或沥青砂浆等使用；普通石油沥青因温度敏感性大，在工程中不宜单独直接使用，常与建筑石油沥青掺配使用。

2)两种不同软化点石油沥青的掺配：首先计算掺配比例，即

$$Q_1 = \frac{T - T_2}{T_1 - T_2} \times 100\%$$

$$Q_2 = 1 - Q_1$$

式中　Q_1——高软化点沥青的掺量（%）；

　　　Q_2——低软化点沥青的掺量（%）；

　　　T——要求达到的软化点（℃）；

　　　T_1——高软化点值（℃）；

　　　T_2——低软化点值（℃）。

然后，按照计算所得比例进行掺配试验，调整至要求的软化点为止。

2. 煤沥青

煤沥青是由烟煤制煤气或制焦炭干馏出煤焦油，再经分馏加工提取轻油、中油、重油、蒽油以后所得的残渣，又称柏油。煤沥青分为低温煤沥青、中温煤沥青和高温煤沥青，建筑工程中多采用半固态的低温煤沥青。

煤沥青的主要组分为油分、树脂、游离碳。

煤沥青同石油沥青相比，密度较大，塑性较差，温度敏感性大，低温时易硬脆，老化快；但与矿质材料表面粘结力强，防腐能力强，有毒，有臭味。

煤沥青适用于地下防水工程及防腐工程，常用于配制防腐涂料、胶粘剂、防水涂料、油膏以及制作油毡等。

煤沥青与石油沥青的简易鉴别方法见表11-1。

表 11-1　石油沥青和煤沥青的鉴别方法

鉴别方法	石油沥青	煤沥青
密度法	近于 $1.0\ \mathrm{g/cm^3}$	$1.25\sim1.28\ \mathrm{g/cm^3}$
燃烧法	烟少、无色、有松香味、无毒	烟多、黄色、臭味大、有毒
锤击法	韧性好，音哑	韧性差，音脆
颜色法	呈辉亮褐色	浓黑色
溶解法	易溶于煤油与汽油中，呈棕黑色	难溶于煤油与汽油中，呈黄绿色

3. 改性沥青

沥青改性就是在石油沥青中掺加橡胶、树脂、高分子聚合物、磨细的橡胶粉或其他填料等外掺剂（改性剂），或采取对沥青轻度氧化加工等措施，使沥青或沥青混合料的性能得到改善。性能得到不同程度改善后的新沥青，称为改性沥青。

从组成来看，改性沥青主要有矿物填充料改性沥青、树脂改性沥青、橡胶改性沥青和橡胶-树脂改性沥青等；从用途来看，改性沥青的品种主要有改性道路沥青、改性沥青防水卷材和改性沥青涂料等。

11.2.2　防水卷材

防水卷材是一种可以卷曲的片状防水材料，根据主要防水组成材料可分为沥青防水卷材、改性沥青防水卷材和合成高分子防水卷材三大类。各类防水卷材均应有良好的耐水性、温度稳定性和抗老化性，具备必要的机械强度、延伸性、柔韧性和抗断裂能力。

1. 沥青防水卷材

沥青防水卷材是在原纸、纤维织物、纤维毡等胎体材料上浸涂沥青后，再在表面撒布粉状、粒状、片状或合成高分子薄膜、金属膜等材料制成的可卷曲片状防水材料。主要有纸胎沥青防水卷材、玻纤布胎沥青防水卷材和铝箔面沥青防水卷材等种类。

2. 改性沥青防水卷材

改性沥青防水卷材是以高聚物改性沥青为涂盖层，以纤维织物或纤维毡为胎基，粉状、粒状、片状或薄膜材料为防粘隔离层制成的防水卷材。具有高温不流淌、低温不脆裂、拉伸强度高、延伸率较大等优异性能。

改性沥青防水卷材的主导品种是 APP 卷材和 SBS 卷材。APP 卷材最突出的特点是耐高温性能好，尤其适用于高温环境的建筑防水；SBS 卷材最突出的特点是低温柔度好，尤其适用于低温寒冷地区工业与民用建筑屋面以及变形频繁部位的防水。

3. 合成高分子防水卷材

合成高分子防水卷材是以合成树脂、合成橡胶或两者的共混体为基料，加入适量化学助剂、填充剂，经不同工序加工而成的可卷曲的片状防水材料。具有拉伸强度和抗撕裂强度高、断裂伸长率极大、耐热性和低温柔性好、耐腐蚀、耐老化等优异性能，适宜冷粘施工。主要有聚氯乙烯(PVC)防水卷材、三元乙丙橡胶(EPDM)防水卷材和氯化聚乙烯-橡胶共混防水卷材等种类。

11.2.3 沥青防水涂料

沥青防水涂料是以沥青为主体，在常温下呈无定形流态或半液态，经涂布能在结构物表面结成坚韧防水膜的材料的总称。按主要成膜物质可分为沥青类、高聚物改性沥青类；按液态类型可分为溶剂型和水乳型。

1. 沥青类防水涂料

沥青类防水涂料主要有冷底子油和乳化沥青两种。

冷底子油是将建筑石油沥青加入汽油、煤油、柴油或将煤沥青加入苯，稀释而成的沥青溶液。一般作为打底材料与沥青胶配合使用，可增加沥青胶与基层的粘结力。

乳化沥青是石油沥青经乳化剂乳化而成的沥青，可涂刷或喷涂在材料表面作为防潮或防水层，也可粘贴玻璃纤维毡片(或布)作屋面防水层，或用于拌制冷用沥青砂浆和沥青混凝土。

2. 高聚物改性沥青类防水涂料

高聚物改性沥青防水涂料是一类以沥青为基料，用合成高分子聚合物对其改性制成的溶剂型或水乳型的，适用于建筑、道路、桥梁等防水工程的涂膜型防水材料。

溶剂型高聚物改性沥青防水涂料具有良好的黏结性、抗裂性、柔韧性和耐高低温性能，具体品种主要有氯丁橡胶改性沥青防水涂料、SBS改性沥青防水涂料、丁基橡胶改性沥青防水涂料、APP改性沥青防水涂料等。

11.2.4 沥青混合料

沥青混合料是将石子、砂(5～0.15 mm)和矿粉(<0.15 mm)经人工合理选择级配组成的矿质混合料与适量的沥青材料经拌和而成的混合物。沥青混合料经摊铺、碾压成型后成为沥青路面，是现代道路路面结构的主要材料之一。

1. 沥青混合料的种类和结构

沥青混合料按材料组成及结构，分为连续级配、间断级配混合料；按公称最大粒径的大小，分为特粗式混合料、粗粒式混合料、中粒式混合料、细粒式混合料、砂粒式混合料；按制造工艺，分为热拌沥青混合料、冷拌沥青混合料、再生沥青混合料等；按矿质骨架的结构状况，分为悬浮密实结构、骨架空隙结构和骨架密实结构三种类型。

2. 热拌沥青混合料的组成

热拌沥青混合料是由矿料与黏稠沥青在专门设备中加热拌和而成，保温运送至施工现场，并在热态下进行摊铺和压实的混合料，简称"热拌沥青混合料"，以 HMA 表示。

热拌沥青混合料由沥青材料、粗集料(碎石、破碎砾石、筛选砾石、钢渣、矿渣)、细集料(天然砂、机制砂和石屑)和填料(矿石粉、粉煤灰)组成。

3. 沥青混合料的技术性质

沥青混合料应具有足够的高温稳定性、低温抗裂性、水稳定性、抗老化性和抗滑性等技术性能，以保证沥青路面优良的服务性能及耐久性。

11.3 基本训练

一、名词解释

石油沥青　　　改性沥青　　　石油沥青的组分　　　沥青的针入度

沥青的老化　　APP 卷材　　　冷底子油　　　　　沥青混合料

二、单项选择题(下列各题中只有一个正确答案，请将正确答案的序号填在括号内)

1. (　　)可以互溶，树脂能浸润地沥青质，在地沥青质表面形成树脂薄膜。

    A. 油分和树脂　　　　　　　　　　　　B. 油分和地沥青质

    C. 树脂和地沥青质　　　　　　　　　　D. 油分、树脂和地沥青质

2. 沥青的(　　)用延度表示，延度由延度仪测定。

    A. 黏滞性　　　　　　　　　　　　　　B. 塑性

    C. 温度敏感性　　　　　　　　　　　　D. 大气稳定性

3. 需要用"环球法"试验来测定的指标是(　　)。

    A. 沥青的黏滞度　　　　　　　　　　　B. 沥青的延度

    C. 沥青的软化点　　　　　　　　　　　D. 沥青的溶解度

4. 石油沥青中，（　　）相对含量增加，沥青的胶体结构由溶胶结构向凝胶结构转化，沥青的软化点提高，其温度敏感性减小。

    A. 油分　　　　　　　　　　　　　　　　B. 树脂

    C. 地沥青质　　　　　　　　　　　　　　D. 胶团

5. 石油沥青的选用原则是在满足使用要求的前提下，尽量选用（　　）的品种，以保证正常使用条件下具有较长的使用年限。

    A. 不同牌号　　　　　　　　　　　　　　B. 中间牌号

    C. 较小牌号　　　　　　　　　　　　　　D. 较大牌号

6. 普通石油沥青的温度敏感性大，在工程中常常（　　）使用。

    A. 单独　　　　　　　　　　　　　　　　B. 与普通石油沥青掺配

    C. 与道路石油沥青掺配　　　　　　　　　D. 与建筑石油沥青掺配

7. 煤沥青分低温煤沥青、中温煤沥青和高温煤沥青，建筑工程中多用半固态的（　　）。

    A. 低温煤沥青　　　　　　　　　　　　　B. 中温煤沥青

    C. 高温煤沥青　　　　　　　　　　　　　D. 中高温煤沥青

8. SBS 改性石油沥青属于（　　）。

    A. 矿物填充料改性沥青　　　　　　　　　B. 树脂改性石油沥青

    C. 橡胶改性沥青　　　　　　　　　　　　D. 橡胶-树脂改性沥青

9. 石油沥青的针入度越大，则其黏滞性（　　）。

    A. 越大　　　　　　　　　　　　　　　　B. 越小

    C. 不变　　　　　　　　　　　　　　　　D. 无法判断

10. 三元乙丙橡胶（EPDM）防水卷材属于（　　）防水卷材。

    A. 合成高分子　　　　　　　　　　　　　B. 沥青

    C. 高聚物改性沥青　　　　　　　　　　　D. 改性沥青防水卷材

三、多项选择题（下列各题中有 2～4 个正确答案，请将正确答案的序号填在括号内）

1. 下面是建筑石油沥青牌号的有（　　）号。

    A. 60　　　　　B. 50　　　　　C. 40　　　　　D. 30

2. 煤沥青的主要组分有（　　）。

    A. 油分　　　　　　　　　　　　　　　　B. 树脂

    C. 地沥青质　　　　　　　　　　　　　　D. 游离碳

3. 溶胶结构的石油沥青具有（　　）等特点。

    A. 黏性小　　　　　　　　　　　　　　　B. 流动性大

C. 温度稳定性较差

D. 温度稳定性较好

4. 各类防水卷材应有良好的( )和抗断裂能力。

A. 耐水性

B. 温度稳定性

C. 抗老化性

D. 柔韧性

5. 沥青混合料按矿质骨架的结构状况，可分为( )。

A. 绝对密实结构

B. 悬浮密实结构

C. 骨架空隙结构

D. 骨架密实结构

四、判断题(请在正确的题后括号内打"√"，错误的打"×")

1. 石油沥青的结构是以树脂为核心，周围吸附部分地沥青质和油分的互溶物，构成胶团，无数胶团分散在油分中形成胶体结构。 ( )

2. 黏滞性是流动性的反面，流体的黏滞性越大，其流动性越小。 ( )

3. 沥青的黏滞性在一定温度范围内，温度升高，黏滞性增大；反之，则减少。( )

4. 石油沥青的黏滞性都用针入度表示，针入度值的单位是"mm"。 ( )

5. 石油沥青的软化点越低，则其温度敏感性越小。 ( )

6. 石油沥青的牌号越高，其温度敏感性越大。 ( )

7. 单独用一种牌号的沥青不能满足工程耐热性(软化点)要求时，可以用石油沥青和煤沥青掺配使用。 ( )

8. 用锤击法鉴别石油沥青和煤沥青时，发现石油沥青的韧性差、音脆，而煤沥青韧性好、音哑。 ( )

9. APP 卷材是一种弹性体改性沥青防水卷材。 ( )

10. 冷底子油一般不单独作为防水材料使用，作为打底材料与沥青胶配合使用，可以增加沥青胶与基层的粘结力。 ( )

五、填空题

1. 石油沥青按用途不同，分为＿＿＿＿＿＿石油沥青、＿＿＿＿＿＿石油沥青和＿＿＿＿＿＿石油沥青。

2. 石油沥青一般分为＿＿＿＿＿＿、＿＿＿＿＿＿和＿＿＿＿＿＿三大组分。

3. 根据沥青组分比例，胶体结构可分为＿＿＿＿＿＿型、＿＿＿＿＿＿型和＿＿＿＿＿＿型三种类型。

4. 液体沥青的黏滞性用＿＿＿＿＿＿表示，半固体或固体沥青的黏滞性用＿＿＿＿＿＿表示；黏滞度和针入度是沥青划分＿＿＿＿＿＿的主要指标。

5. 针入度是指在温度为＿＿＿＿＿＿℃的条件下，以质量＿＿＿＿＿＿g 的标准针，经

_____ s 沉入沥青中的深度，以度表示，_____ mm 为 1 度。

6. 在同一品种石油沥青材料中，牌号越小，则针入度值越 _____，黏性越 _____，塑性越 _____，温度敏感性越 _____，沥青越硬。

7. 从组成来看，改性沥青主要有 _____、_____、_____ 和 _____ 等。

8. 根据主要防水组成材料不同，防水卷材可分为 _____、_____ 和 _____ 三大类。

9. 沥青防水涂料，按主要成膜物质可分为 _____ 和 _____；按液态类型可分为 _____ 和 _____。

10. 沥青混合料应具有足够的高温 _____、低温 _____、水 _____、抗老化性和抗滑性等技术性能，以保证沥青路面优良的服务性能及 _____。

六、简答题

1. 沥青的塑性用什么指标表示？用什么仪器测定？怎样测定？

2. 石油沥青的技术指标主要包括哪些方面？石油沥青的牌号主要根据哪些指标来划分？以什么指标值表示石油沥青的牌号？

3. 煤沥青同石油沥青相比有何特性？煤沥青适用于哪些方面？

4. 沥青改性的机理有哪两种？

5. 以 P 型产品为代表的 PVC 卷材的突出特点是什么？其适用情况如何？

七、计算题

1. 某屋面工程需要使用软化点为 80 ℃的石油沥青，现场仅有 10 号和 60 号石油沥青，经检测它们的软化点为 95 ℃和 50 ℃。试求这两种沥青的掺配比例。

2. 某防水工程要求配置沥青胶，需要软化点为 85 ℃的沥青 20 t，现有 10 号沥青 14 t、30 号沥青 4 t、60 号沥青 12 t，经检测它们的软化点分别为 96 ℃、72 ℃、47 ℃。试确定三种沥青各自的用量。

第 12 章　建筑塑料、涂料和胶粘剂

12.1　学习要求

12.1.1　建筑塑料

1. 应知

(1)高分子材料的分类及优缺点。

(2)建筑塑料的含义和组成。

(3)合成树脂的作用及分类。

(4)添加剂的种类及其作用。

(5)建筑塑料的优缺点。

(6)建筑塑料的常用品种。

2. 应会

(1)热塑性树脂和热固性树脂的区分。

(2)常用建筑塑料的选用。

12.1.2　建筑涂料

1. 应知

(1)涂料和建筑涂料的含义。

(2)建筑涂料的组成。

(3)建筑涂料的分类方法。

(4)建筑涂料的常用品种。

2. 应会

常用建筑涂料的选用。

12.1.3　建筑胶粘剂

1. 应知

(1)胶粘剂的含义。

(2)建筑胶粘剂的组成及其作用。

(3)建筑胶粘剂的分类方法。

(4)建筑胶粘剂的常用品种。

2. 应会

常用建筑胶粘剂的选用。

12.2　学习要点

高分子材料分为天然的和合成的两大类。高分子材料具有密度小、比强度高、耐水性及耐化学腐蚀性强、抗渗性及防水性好、耐磨性强、绝缘性好、易加工等优点；但其易老化，具有可燃性。

建筑塑料、建筑涂料和建筑胶粘剂均属有机高分子材料。

12.2.1　建筑塑料

建筑塑料是指用于建筑工程的各种塑料及制品。

1. 建筑塑料的组成

塑料由合成树脂及填充剂、增塑剂、稳定剂、固化剂、润滑剂、着色剂等添加剂组成。

(1)合成树脂是人工合成的高分子聚合物，按受热时发生的变化不同分为热塑性树脂和热固性树脂两种。热塑性树脂的受热软化、冷却硬化过程可反复进行；热固性树脂只能塑制一次。合成树脂是塑料的基本组成成分，主要起胶结作用。塑料的名称就是按其所含树脂的名称来命名的。

(2)添加剂是指塑料配混时，少量加入合成树脂或其配混料中，以改善成型加工或赋予制品某种性能的一类化学物质。塑料添加剂包括填充剂、增塑剂、稳定剂、固化剂、润滑剂、着色剂等，这类物质分散在合成树脂或其配混料中，不影响合成树脂的分子结构。

1)填充剂主要调节塑料的物理化学性能，例如，加入玻璃纤维可以提高塑料的机械强度等。

2)增塑剂可增加塑料的可塑性、流动性，改善塑料的低温脆性。例如，生产聚氯乙烯塑料时，加入较多增塑剂可得到软质聚氯乙烯塑料。

3)稳定剂可使塑料长期保持原有的工作性质，延长使用寿命。例如，聚丙烯在成型加工和使用时加入炭黑，能显著提高其耐候性。

4)固化剂的作用是在聚合物中生成横跨键，使分子交联，由受热可塑的线型结构，变成热稳定的网状结构。

2. 建筑塑料的特点

建筑塑料具有比强度高、导热性低、加工性能优良、装饰性好、多功能性强等优点；但同时也存在耐热性差、易燃、易老化、刚度小等缺点。

3. 常用的建筑塑料

按树脂受热时发生的变化不同，把建筑塑料分为热塑性塑料和热固性塑料。

(1)热塑性塑料具有比热固性塑料质轻、耐磨、润滑性好、着色力强、加工方法多等特点，但耐热性差、尺寸稳定性差、易老化。主要品种有聚氯乙烯(PVC)塑料、聚乙烯(PE)塑料、聚丙烯(PP)塑料和聚苯乙烯(PS)塑料等。

(2)热固性塑料比热塑性塑料的耐热性好、刚性大、制品尺寸稳定性好，主要品种有酚醛(PF)塑料、聚氨酯(UP)塑料、环氧树脂(EP)塑料、有机硅(SI)塑料和玻璃钢(GRP)等。

12.2.2　建筑涂料

涂料是一种可涂刷于基体表面，能与基体材料很好黏结并形成完整而坚韧保护膜的材料。建筑涂料是指用于建筑物(墙面和地面)的涂料，主要起装饰和保护作用。

1. 建筑涂料的组成

涂料是一种由多种不同物质经混合、溶解、分散而制成的胶体溶液，建筑涂料按各种成分所起作用的不同，可分为主要成膜物质、次要成膜物质和辅助成膜物质三大部分。

(1)主要成膜物质又称基料或胶粘剂，是涂料的基础物质，可以黏结次要成膜物质，使涂料在干燥或固化后共同形成连续的涂膜。最常见的主要成膜物质是合成树脂。

(2)次要成膜物质是指涂料中的各种颜料和填料，其不具单独成膜能力，须与主要成膜物质配合使用构成涂膜。颜料一般分着色颜料、体质颜料和防锈颜料三大类。

(3)辅助成膜物质是指涂料中的溶剂和各种助剂，其本身不构成涂膜，但对涂料的成膜过程起关键作用。

2. 建筑涂料的分类

建筑涂料按主要成膜物质的化学组成，可分为有机涂料、无机涂料及复合涂料；按建筑物的使用部位，可分为外墙涂料、内墙涂料、地面涂料等；按涂料的状态，可分为溶剂型涂料、水乳型涂料和水溶性涂料；按涂料的特殊性能，可分为防水涂料、防火涂料、防霉涂料等；按涂膜厚度分类，厚度小于 1 mm 的建筑涂料称为薄质涂料，厚度为 1～5 mm 的建筑涂料称为厚质涂料；按涂膜形状与质感，可分为平壁状涂层涂料、砂壁状涂层涂料、凹凸立体花纹涂料。

3. 常用的建筑涂料

(1)外墙涂料的主要功能是美化建筑和保护建筑物的外墙面，要求其具有丰富的色彩和质感，装饰效果好；耐水性和耐久性好，能经受日晒、风吹、雨淋和冰冻等侵蚀；耐污染，易清洗。主要品种有溶剂型的丙烯酸酯和聚氨酯外墙涂料、乳液型的苯-丙乳液和乙-丙乳液外墙涂料、彩色砂壁状外墙涂料、复层外墙涂料、无机外墙涂料等。

(2)内墙涂料的主要功能是装饰和保护内墙墙面及顶棚，要求其色彩丰富、细腻、和谐，耐碱性、耐酸性、耐水性、耐粉化性良好，耐擦洗，透气性好，易涂刷。内墙涂料有乳胶漆、溶剂型内墙涂料、多彩内墙涂料、幻彩涂料等。

(3)地面涂料的主要功能是装饰与保护室内地面，要求其具有耐碱性好、粘结力强、耐水性好、耐磨性好、抗冲击力强、涂刷施工方便及价格合理等特点。主要品种有过氯乙烯水泥地面涂料、聚氨酯地面涂料、环氧树脂厚质地面涂料、聚醋酸乙烯水泥地面涂料等。

12.2.3 建筑胶粘剂

胶粘剂是一种能将两个物体牢固黏结在一起的材料。

1. 建筑胶粘剂的组成

胶粘剂通常由主体材料和辅助材料配制而成。

主体材料主要指粘料，是胶粘剂中起黏结作用并赋予胶层一定机械强度的物质，如各种树脂、橡胶、沥青等合成或天然高分子材料以及硅溶胶、水玻璃等无机材料。

辅助材料是胶粘剂中用以完善主体材料性能的物质，如常用的固化剂、稀释剂、填充料和助剂等。

2. 建筑胶粘剂的分类

建筑胶粘剂按化学成分分为无机胶粘剂、有机胶粘剂；按强度特性分为结构型胶粘剂、非结构型胶粘剂、次结构型胶粘剂；按固化形式分为溶剂型胶粘剂、反应型胶粘剂、热熔型胶粘剂；按外观形态分为溶液型胶粘剂、乳液型胶粘剂、膏糊型胶粘剂、粉末型胶粘剂、薄膜型胶粘剂、固体型胶粘剂；按使用功能分为通用胶和特种胶。

3. 常用的建筑胶粘剂

建筑上常用的胶粘剂主要有聚醋酸乙烯胶粘剂、聚乙烯醇缩甲醛胶粘剂、丙烯酸酯胶粘剂、聚氨酯胶粘剂、环氧树脂胶粘剂等。

4. 胶粘剂的选用原则

(1)根据胶结材料的种类性质，选用与被粘材料相匹配的胶粘剂，通常极性材料要选用极性胶粘剂，非极性材料要选非极性胶粘剂。

(2)根据胶结材料的使用要求，如导热、导电、高低温等，选用满足特种要求的胶粘剂。

(3)根据胶结材料的环境条件，如气候、光、热、水分等，选用耐环境性好的胶粘剂。

(4)在满足使用性能的前提下，应考虑性能与价格的均衡，尽可能使用经济的胶粘剂。

12.3 基本训练

一、名词解释

高分子材料　　　　塑料制品　　　　建筑塑料　　　　建筑涂料

主要成膜物质　　　胶粘剂

二、单项选择题(下列各题中只有一个正确答案，请将正确答案的序号填在括号内)

1. 在塑料成型加工中加入(　　　)可使老化性能得以改善，能够长期保持原有的工作性质，延长使用寿命。

  A. 固化剂　　　　　　　　　　　　　B. 增塑剂

  C. 稳定剂　　　　　　　　　　　　　D. 润滑剂

2. 按树脂在受热时所发生的变化不同，将建筑塑料分为(　　　)。

  A. 热塑性塑料和热固性塑料　　　　　B. 热塑性塑料和冷固性塑料

  C. 冷塑性塑料和热固性塑料　　　　　D. 冷塑性塑料和冷固性塑料

3. 生产玻璃钢时一般用（　　）作为胶结材料。

 A. 热塑性树脂   B. 热固性树脂

 C. 橡胶   D. 沥青

4. 建筑涂料的组成物质中，具有独立成膜能力的是（　　）。

 A. 主要成膜物质   B. 次要成膜物质

 C. 辅助成膜物质   D. 着色颜料

5. 能使涂膜具有一定颜色、遮盖力和对比率的颜料是（　　）。

 A. 防锈颜料   B. 体质颜料

 C. 着色颜料   D. 所有颜料

6. 能将树脂、颜料和填料均匀分散，改善涂料流动性，增强涂料渗透能力及与基层黏结能力的是（　　）。

 A. 溶剂   B. 助剂

 C. 基料   D. 填料

三、多项选择题(下列各题中有 **2～4** 个正确答案，请将正确答案的序号填在括号内)

1. 建筑塑料具有某些传统建材无法比拟的优异性能，其优点包括（　　）。

 A. 不易老化   B. 比强度高

 C. 多功能性强   D. 装饰性好

2. 热固性塑料与热塑性塑料比，其（　　）。

 A. 耐热好   B. 刚性大

 C. 制品尺寸稳定性好   D. 装饰性好

3. 胶粘剂通常是由主体材料和辅助材料配制而成，其中，辅助材料是用以完善主体材料的性能而加入的物质，下列属于辅助材料的是（　　）。

 A. 固化剂   B. 稀释剂

 C. 填充料   D. 助剂

4. 软质聚氯乙烯塑料很柔软，有一定弹性，下列属于软质聚氯乙烯塑料的是（　　）。

 A. 酚醛塑料   B. 塑料薄膜

 C. 塑料壁纸   D. 聚氨酯塑料

5. 建筑胶粘剂按强度特性，可分为（　　）。

 A. 结构型胶粘剂   B. 非结构型胶粘剂

 C. 次结构型胶粘剂   D. 热熔型胶粘剂

四、判断题(请在正确的题后括号内打"√",错误的打"×")

1. 热固性树脂软化和硬化过程可反复进行,热塑性树脂只能塑制一次。（　　）

2. 建筑塑料、涂料和胶粘剂均属有机高分子材料。（　　）

3. 次要成膜物质和辅助成膜物质均不具备单独成膜能力,在塑料中起填料作用。

（　　）

4. 内墙涂料的主要功能是装饰和保护外墙墙面及顶棚,使其美观,达到良好的装饰效果。（　　）

5. 乳胶漆常用于室内墙面装饰,但不宜用于厨房、卫生间、浴室等潮湿墙面。（　　）

6. 塑料的填充料又称填充剂,其主要作用是调节塑料的物理化学性能。（　　）

7. 建筑塑料优点很多,但也存在耐热性差、易燃、易老化、刚度小等缺点。（　　）

8. 体质颜料又称填料,不具遮盖力和着色力,在涂料中起填充和骨架作用。（　　）

9. 树脂不仅是塑料的原料,还是涂料、胶粘剂及合成纤维的原料。（　　）

10. 热塑性塑料的耐热性比热固性塑料要好一些。（　　）

五、填空题

1. ＿＿＿＿＿＿＿是塑料的基本组成成分,在塑料中的含量占 40%～100%,它主要起＿＿＿＿＿＿＿作用,是决定塑料性质的＿＿＿＿＿＿＿因素。

2. 增塑剂的主要作用是增加塑料的＿＿＿＿＿＿＿、＿＿＿＿＿＿＿,改善塑料的＿＿＿＿＿＿＿。

3. 按照各种成分在涂料生产、施工和使用中所起的不同作用,可将它们分为＿＿＿＿＿＿＿、＿＿＿＿＿＿＿和＿＿＿＿＿＿＿三大部分。

4. 按建筑物的使用部位,建筑涂料可分为 ＿＿＿＿＿＿＿、＿＿＿＿＿＿＿、＿＿＿＿＿＿＿等。

5. 建筑胶粘剂的分类方法很多,若按化学成分,可分为＿＿＿＿＿＿＿和＿＿＿＿＿＿＿。

六、简答题

1. 高分子材料具有哪些优点及不足?

2. 外墙涂料的主要功能是什么?它应具备哪些性能特点?它的主要种类有哪些?

3. 选用胶粘剂时应注意些什么?

附录　基本训练参考答案

第 2 章

一、名词解释(略)

二、单项选择题

1. A	2. C	3. C	4. D	5. B
6. A	7. A	8. C	9. D	10. D

三、多项选择题

1. ABC	2. AD	3. ACD	4. ABCD	5. ABC
6. ABCD	7. AB	8. CD	9. AC	10. ABCD

四、判断题

1. ×	2. ×	3. √	4. ×	5. √
6. ×	7. ×	8. ×	9. ×	10. √
11. √	12. ×	13. √	14. √	15. √

五、填空题

1. 绝对密实；单位体积的质量；$\rho = m/V$

2. 自然；单位体积的质量；$\rho_0 = m/V_0$

3. 固体物质；孔隙

4. 松散；单位体积；紧密程度

5. $P = \left(1 - \dfrac{\rho_0}{\rho}\right) \times 100\%$；实际密度；体积密度

6. 开口；闭口；低；大；差；好

7. $P' = \left(1 - \dfrac{\rho_0'}{\rho_0}\right) \times 100\%$；体积；堆积

8. 软化系数；好；软化系数；0.80

9. 抗冻标号或抗冻等级；渗透系数或抗渗等级；导热系数

10. 差；好；小于 0.175 W/(m·K)

六、简答题

1. 答：材料的结构一般可分为三个结构层次：宏观结构、细观结构和微观结构。以建筑钢材为例，用肉眼观察其宏观层次为致密结构，用光学显微镜观察其细观层次呈现大小不同的晶粒，用 X 射线分析其微观层次为金属晶体。

2. 答：一般来说，材料的孔隙率越大，材料的表观密度越小，强度越低，抗渗性越差、抗冻性越弱、导热性越小，吸声性越好。

孔隙按其连通性有开口孔隙和闭口孔隙之分，当孔隙率一定时，如果开口孔隙越多，一般来说，材料的表观密度越大，抗渗性和抗冻性越差，导热性越大，吸声性越好；反之，材料的表观密度越小，抗渗性和抗冻性越好，导热性越小，吸声性越差。

孔隙按其直径大小有粗大孔、毛细孔和微孔之分，当孔隙率一定时，如果粗大孔隙越多，一般来说，材料的强度越低，抗渗性越差，导热性越大。

3. 答：实际密度（简称密度）是指材料在绝对密实状态下单位体积所具有的质量，用 $\rho = \dfrac{m}{V}$ 进行计算；表观密度是指多孔材料在自然状态下单位体积（包括闭口孔和固体体积）的质量，用 $\rho' = \dfrac{m}{V'}$ 进行计算；体积密度是指材料在自然状态下单位体积（包括闭口孔、开口孔和固体体积）的质量，用 $\rho_0 = \dfrac{m}{V_0}$ 进行计算；堆积密度是指松散材料在自然堆积状态下单位体积的质量，用 $\rho_0' = \dfrac{m}{V_0'}$ 进行计算。

4. 答：材料与水有关的性质主要有：亲水性与憎水性，用润湿角表示；吸水性和吸湿性，分别用吸水率和含水率表示；耐水性，用软化系数表示；抗渗性，用渗透系数或抗渗等级表示；抗冻性，用抗冻标号或抗冻等级表示。含孔材料吸水后，其质量增加，体积增大，强度降低，抗冻性变差，导热性增强。

5. 答：质量吸水率是材料吸收水的质量与材料干燥状态下质量的比值；体积吸水率是材料吸收水的体积与材料自然状态下体积的比值。一般轻质、多孔材料常用体积吸水率来反映其吸水性。

6. 答：材料的抗渗性好坏主要与材料的亲水性、憎水性、孔隙率、孔隙特征等因素有关。提高材料的抗渗性主要应提高材料的密实度、减少材料内部的开口孔和毛细孔的数量。

7. 答：材料的导热性是指材料传导热量的性能。材料导热系数的大小与材料的化学成分、组成结构、密实程度、含水状态等因素有关。

8. 答：材料的热变形性直接影响建筑物或构筑物的耐久性。如混凝土公路，常设置温度伸缩缝来防止由热胀冷缩造成的破坏。

9. 答：弹性是指材料在外力作用下产生变形，当外力取消后，材料变形消失并能完全恢复原来形状的性质，如橡胶在外力作用下的变形；塑性是指材料在外力作用下产生变形，如果取消外力，仍保持变形后的形状尺寸，且不产生裂缝的性质，如石灰膏在外力作用下的变形；脆性是指材料受力破坏时，无显著的变形而突然断裂的性质，如烧结砖的断裂；韧性是指在冲击、振动荷载作用下，材料能够吸收较大的能量，同时也能产生一定的变形而不破坏的性质，如钢材在冲击作用下的变形。

10. 答：材料的强度通常可分为抗压强度、抗拉强度、抗剪强度和抗弯强度等，分别如下图(a)、(b)、(c)、(d)所示。抗压强度、抗拉强度、抗剪强度采用公式 $f=\dfrac{F}{A}$ 进行计算，抗弯强度采用公式 $f_{tm}=\dfrac{3Fl}{2bh^2}$ 进行计算；单位为 MPa。

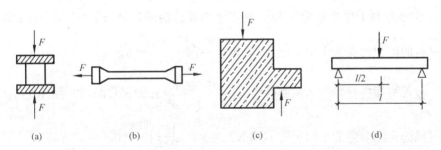

(a)   (b)   (c)   (d)

11. 答：因为比强度是衡量材料轻质高强的一个重要指标，优质的结构材料必须具有较高的比强度，如何促进普通混凝土这一当代最重要的结构材料向轻质、高强方向发展，已经成为一项十分紧迫的工作。

12. 答：材料的耐久性不是越高越好，因为耐久性高其造价就高，但其应用价值不一定高。应根据建筑物或构筑物的应用价值来合理选用与之匹配的耐久材料。

13. 答：采取的主要措施是提高材料的密实度、减少材料内部的开口孔和毛细孔的数量。

七、计算题

1. 解：①该材料的实际密度为 $\rho=\dfrac{m}{V}=\dfrac{100}{33}=3.03(\text{g/cm}^3)$；

②该材料的体积密度为 $\rho_0=\dfrac{m}{V_0}=\dfrac{100}{40}=2.50(\text{g/cm}^3)$；

③该材料的孔隙率为 $P=\dfrac{V_0-V}{V_0}\times100\%=\dfrac{40-33}{40}\times100\%=17.5\%$；

④该材料的密实度为 $D=1-P=1-17.5\%=82.5\%$。

答：（略）

2. 解：①该砖的质量吸水率为 $W=\dfrac{m_2-m_1}{m_1}\times100\%=\dfrac{2900-2500}{2500}\times100\%=16\%$；

体积吸水率为 $W_0=\dfrac{V_水}{V_0}\times100\%=\dfrac{m_2-m_1}{\rho_w}\times\dfrac{1}{V_0}\times100\%=\dfrac{2\,900-2\,500}{240\times115\times53}\times$

$100\%=\dfrac{400}{1\,462.8}\times100\%=27.34\%$；

②该砖的实际密度为 $\rho=\dfrac{m}{V}=\dfrac{50}{18.5}=2.70(\text{g/cm}^3)$；

③该砖的体积密度为 $\rho_0=\dfrac{m}{V_0}=\dfrac{2500}{240\times115\times53}=\dfrac{2500}{1462.8}=1.71(\text{g/cm}^3)$；

④该砖的孔隙率为 $P=\left(1-\dfrac{\rho_0}{\rho}\right)\times100\%=\left(1-\dfrac{1.71}{2.70}\right)\times100\%=36.67\%$。

答：（略）

3. 解：①令材料干燥质量为 m kg，则吸水饱和后的质量为 $m+23\%m=1.23m(\text{kg})$

因为材料的体积密度为 1 600 kg/m³，即 $\rho_0=\dfrac{m}{V_0}=1\,600$ kg/m³ $=1.6(\text{g/cm}^3)$，

所以，吸水饱和后材料的体积密度为 $\rho_{0饱}=\dfrac{1.23m}{V_0}=1.23\times1.6=1.968(\text{g/cm}^3)$；

②该材料的孔隙率为 $P=\left(1-\dfrac{\rho_0}{\rho}\right)\times100\%=\left(1-\dfrac{1.6}{2.7}\right)\times100\%=40.74\%$，

该材料的体积吸水率为 $W_0=W\cdot\rho_0=23\%\times1.6=36.8\%$。

答：（略）

4. 解：①该岩石的体积密度为 $\rho_0=\dfrac{m}{V_0}=\dfrac{325}{7.0\times7.0\times7.0}=\dfrac{325}{343}=0.948(\text{g/cm}^3)$；

②该岩石的孔隙率为 $P=\left(1-\dfrac{\rho_0}{\rho}\right)\times100\%=\left(1-\dfrac{0.948}{2.68}\right)\times100\%=64.63\%$；

③该岩石的体积吸水率为 $W_0=\dfrac{V_水}{V_0}\times100\%=\dfrac{m_2-m_1}{\rho_w}\times\dfrac{1}{V_0}\times100\%=\dfrac{326.1-325}{1}\times$

$\dfrac{1}{7.0\times7.0\times7.0}\times100\%=0.32\%$；

④该岩石的质量吸水率为 $W=\dfrac{m_2-m_1}{m_1}\times100\%=\dfrac{326.1-325}{325}\times100\%=0.34\%$。

答：（略）

5. 解：①该卵石的表观密度为 $\rho' = \dfrac{m}{V'} = \dfrac{482}{630-452} = \dfrac{482}{178} = 2.71(\text{g/cm}^3)$；

②该卵石的体积密度为 $\rho_0 = \dfrac{m}{V_0} = \dfrac{482}{(630-452)+(487-482)/1} = \dfrac{482}{183} = 2.63(\text{g/cm}^3)$；

③该卵石的质量吸水率为 $W = \dfrac{m_2-m_1}{m_1} \times 100\% = \dfrac{487-482}{482} \times 100\% = 1.03\%$。

答：（略）

6. 解：据题意作如下图示分析：

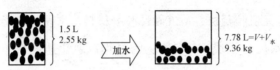

①由题意可知：$m_水 = 9.36-2.55 = 6.81(\text{kg})$，$V_水 = 6.81\text{L}$，该碎石的表观体积 $V' = 7.78 - 6.81 = 0.97(\text{L})$。

该碎石的表观密度为 $\rho' = \dfrac{m}{V'} = \dfrac{2.55}{0.97} = 2.629(\text{g/cm}^3)$。

②该碎石的堆积密度为 $\rho'_0 = \dfrac{m}{V'_0} = \dfrac{2.55}{1.5} = 1.700(\text{g/cm}^3)$，碎石的空隙率为 $P' = \left(1-\dfrac{\rho'_0}{\rho'_0}\right) \times 100\% = \left(1-\dfrac{1.700}{2.629}\right) \times 100\% = 35.34\%$。

在该 1.5 L 的碎石中可填充的砂子为 $V_砂 = V_空 = P' \cdot V'_0 = 35.34\% \times 1.5 = 0.53(\text{L})$。

答：（略）

7. 解：钢筋的横截面积为 $A = \dfrac{1}{4}\pi d_0^2 = \dfrac{1}{4} \times 3.142 \times 20^2 = 314.2(\text{mm}^2)$，

根据公式 $f_c = \dfrac{F}{A}$ 可得，该钢筋的抗拉强度为 $f_c = \dfrac{145 \times 10^3}{314.2} = 461(\text{MPa})$。

答：（略）

第 3 章

一、名词解释（略）

二、单项选择题

1. D	2. C	3. A	4. A	5. D
6. A	7. B	8. D	9. C	10. D

三、多项选择题

1. AC   2. ABC   3. ACD   4. BD   5. AB

四、判断题

1. ×   2. ×   3. ×   4. √   5. ×
6. ×   7. ×   8. ×   9. ×   10. ×

五、填空题

1. 有机胶凝材料；无机胶凝材料；气硬性胶凝材料；水硬性胶凝材料

2. 生石灰 CaO 加水反应生成 Ca(OH)₂ 的过程；熟化速度快；体积膨胀大；放出热量多

3. 欠火石灰；过火石灰；正火石灰；钙质生石灰；镁质生石灰

4. 结晶硬化；碳化硬化

5. 块状生石灰；磨细生石灰粉；消石灰粉；石灰膏；石灰浆

6. 有效氧化钙和氧化镁；优等品；一等品；合格品

7. $\beta\text{-CaSO}_4 \cdot \frac{1}{2}H_2O$；$\alpha\text{-CaSO}_4 \cdot \frac{1}{2}H_2O$；$CaSO_4 \cdot 2H_2O$

8. 粘结力强；耐酸性好；耐热性高；耐碱性和耐水性差

9. 氟硅酸钠；12%～15%

六、简答题

1. 答：气硬性胶凝材料只能在空气中硬化并保持和发展强度；水硬性胶凝材料既能在空气中硬化，又能更好地在水中硬化并保持和发展其强度。

2. 答：为了消除过火石灰的危害，保证石灰完全熟化，石灰膏必须在储灰池中存放两周以上，这一过程称为"陈伏"。在陈伏期间，石灰浆体表面应保留一层水，以隔绝空气，防止碳化。

3. 答：石灰熟化过程的特点体现在：一是熟化速度快；二是体积膨胀大；三是放出热量多。石灰硬化的特点体现在：一是速度发展缓慢；二是体积发生收缩。

4. 答：石灰的主要用途：配制石灰砂浆和石灰乳；配制灰土和三合土；制作碳化石灰板；制作硅酸盐制品；配制无熟料水泥等。储存生石灰时一要注意防水防潮，而且不宜久存，最好运到后立即熟化为石灰浆，变储存期为陈伏期；二要注意安全，将生石灰与易燃物分开保管，以免引起火灾。

5. 答：建筑石膏的生产方法是以天然二水石膏为原料，在 107 ℃～170 ℃时加热脱水，生成

β 型半水石膏(熟石膏)，再经磨细而成，为白色粉末状材料。其化学成分是 $\beta\text{-}CaSO_4 \cdot \frac{1}{2}H_2O$。

6. 答：建筑石膏晶体较细，调制成一定稠度的浆体时，需水量较大，因而强度较低；高强石膏晶粒粗大，比表面积小，需水量少，硬化后密实度大，强度高。

7. 答：建筑石膏的特性：表观密度小、强度较低；凝结硬化快；孔隙率大、热导率小；凝固时体积微膨胀；吸湿性强、耐水性差；防火性好。建筑石膏主要用于室内抹灰及粉刷，制作石膏板、各种浮雕和装饰品等。

8. 答：水玻璃硬化后的性质主要有：粘结力强；耐酸性好；耐热性高；耐碱性和耐水性差。水玻璃的用途主要有：涂刷或浸渍材料表面；加固地基和土壤；配制速凝防水剂用于修补裂缝、堵漏；配制耐酸砂浆和耐酸混凝土；配制耐热砂浆和耐热混凝土等。

第 4 章

一、名词解释(略)

二、单项选择题

1. C	2. B	3. B	4. C	5. A
6. B	7. C	8. A	9. A	10. A
11. A	12. C	13. C	14. A	15. C
16. D	17. D	18. B	19. C	20. C
21. D	22. B	23. D	24. D	25. D

三、多项选择题

1. ACD	2. ABCD	3. AB	4. AD	5. AB
6. BD	7. AC	8. ABCD	9. ABC	10. ABC

四、判断题

1. ×	2. ×	3. ×	4. ×	5. ×
6. ×	7. √	8. ×	9. ×	10. ×
11. √	12. √	13. ×	14. ×	15. √

五、填空题

1. 硅酸盐水泥；普通水泥；矿渣水泥；火山灰质水泥；粉煤灰水泥；复合水泥

2. 硅酸盐水泥熟料；0～5%的石灰石或粒化高炉矿渣；适量石膏；Ⅰ 型硅酸盐水泥；

Ⅱ型硅酸盐水泥；P·Ⅰ；P·Ⅱ

3. 5.0%；6.0%；3.5%；0.75%；1.5%

4. 45；390

5. 42.5；42.5R；52.5；52.5R；62.5；62.5R；早强型水泥；3

6. 活性混合材料；非活性混合材料

7. 硅酸盐水泥熟料；6%~15%混合材料；适量石膏

8. 32.5；32.5R；42.5；42.5R；52.5；52.5R；早强型水泥

9. ①80 μm；10%；②45；600；③4.0%；3.5%；④沸煮；合格

10. 低；快；差；强；低；好

六、简答题

1. 答：硅酸盐水泥熟料是以石灰石、黏土和铁矿石为原料，按一定比例磨细成生料，经煅烧至部分熔融，得到以硅酸钙为主的矿物材料。主要矿物成分是硅酸三钙、硅酸二钙、铝酸三钙和铁铝酸四钙。其特点体现在：①硅酸三钙水化反应速度较快，水化热较大，强度最高；②硅酸二钙水化反应速度最慢，水化热最少，耐腐蚀性好；③铝酸三钙水化反应速度最快，水化热最大，强度低但发展最快，体积收缩最大，耐化学腐蚀性最差；④铁铝酸四钙水化反应速度较快，强度较低但韧性好，体积收缩性小。

2. 答：体积安定性是指水泥浆硬化后体积变化的均匀性。引起水泥体积安定性不良的原因主要有三种：水泥中游离的氧化钙过多、游离的氧化镁过多或掺入的石膏过多。

3. 答：凡氧化镁、三氧化硫、初凝时间、体积安定性中任何一项不符合标准规定时，均为废品。凡细度、终凝时间、不溶物、烧失量中的任何一项不符合标准规定或混合材料的掺量超过最大限定和强度低于商品强度等级的指标时为不合格品。水泥包装标志中水泥品种、强度等级、生产者名称和出厂编号不全的也属于不合格品。

4. 答：混合材料是指在水泥生产过程中，为改善水泥性能、调节水泥强度等级，加到水泥中的天然或人工矿物质材料，分活性混合材料和非活性混合材料两类。掺混合材料主要起改善水泥性能、调整水泥强度、增加水泥产量和降低水化热等作用。

5. 答：抗腐蚀能力强；水化热低；凝结硬化慢、早期强度低、后期强度发展快；适合蒸汽养护；抗冻性差；抗碳化能力差。

6. 答：水泥石受腐蚀的基本原因：一是内部因素，水泥石中存在易被腐蚀的化学成分氢氧化钙和水化铝酸钙；水泥石本身不密实，存在孔隙和毛细管道。二是外部因素，有能产生腐蚀的介质和环境条件。防止腐蚀的措施：①根据工程所处环境，选用适当品种的水泥；②增加水泥制品的密实度，减少侵蚀介质的渗透；③加做保护层。

7. 答：道路水泥具有色泽美观、需水量少、抗折强度高，耐磨性、保水性及和易性好，抗冻性、外加剂适应性强等特点；大坝水泥具有水化热低、抗硫酸盐性能强、干缩小、耐磨性好等特点；铝酸盐水泥具有硬化快、早强、放热大、耐水耐酸不耐碱、致密抗渗耐高温等特点。

8. 答：加水。放出大量的热、体积膨胀者为生石灰粉；凝结硬化快者为建筑石膏；剩下者为白水泥。

9. 答：根据水泥受潮程度不同选用不同的处理方法：①水泥有集合成小粒的状况，但手捏又能成粉末，处理方法是将水泥粉块压成粉末，重新测定强度。若不进行水泥强度检验，只能用于强度要求比原来小 $15\%\sim20\%$ 的部位。②水泥已部分结成硬块，或外部结成硬块，内部尚有粉末，处理方法是筛除硬块，对可压碎成粉的则设法压碎，重新测定水泥的强度；若不测定水泥的强度，只能用于受力很小的部位，如墙面抹灰等。③水泥结成大的硬块，看不出有粉末状，处理方法是将硬块粉碎磨细，不能作为水泥使用，可掺入新水泥中当混合材料使用。

七、计算题

1. 解：该矿渣水泥通过 $80~\mu\mathrm{m}$ 方孔筛的筛余百分率为 $\dfrac{2.0}{25}\times100\%=8.0\%$。

对于矿渣水泥，其细度规定：通过 $80~\mu\mathrm{m}$ 方孔筛筛余量不大于 10.0%，因此该水泥的细度达到要求。

2. 解：①计算该水泥 28 d 的抗折强度。

根据水泥抗折强度计算公式 $f_{\mathrm{tm}}=\dfrac{3Fl}{2bh^2}$，$b=h=40~\mathrm{mm}$，$l=100~\mathrm{mm}$，则 $f_{\mathrm{tm}}=\dfrac{3\times100F}{2\times40\times40^2}=0.002\,34F$，可得

$f_{\mathrm{tm1}}=0.002\,34\times2.85\times10^3=6.67(\mathrm{MPa})$

$f_{\mathrm{tm2}}=0.002\,34\times3.02\times10^3=7.07(\mathrm{MPa})$

$f_{\mathrm{tm3}}=0.002\,34\times3.57\times10^3=8.35(\mathrm{MPa})$

平均值为 $\overline{f}_{\mathrm{tm}}=\dfrac{f_{\mathrm{tm1}}+f_{\mathrm{tm2}}+f_{\mathrm{tm3}}}{3}=\dfrac{6.67+7.07+8.35}{3}=7.36(\mathrm{MPa})$

平均值±10%的范围为：

上限：$7.36\times(1+10\%)=8.10(\mathrm{MPa})$

下限：$7.36\times(1-10\%)=6.62(\mathrm{MPa})$

显然，三个试件抗折强度值中 $f_{\mathrm{tm3}}=8.35~\mathrm{MPa}$，超过上限 $8.10~\mathrm{MPa}$，因此 28 d 抗折

强度应取其余两个试件抗折强度值的算术平均值，即

$$f_{tm}=\frac{f_{tm1}+f_{tm2}}{2}=\frac{6.67+7.07}{2}=6.87(MPa)$$

②计算该水泥 28 d 的抗压强度。

根据水泥抗压强度公式 $f_c=\dfrac{F}{A}$，$A=40\times40=1\,600\ mm^2$，则 $f_c=\dfrac{F}{A}=\dfrac{F}{1\,600}=0.000\,625F$，故

$$f_{c1}=0.000\,625\times82.6\times10^3=51.63(MPa)$$

$$f_{c2}=0.000\,625\times83.2\times10^3=52.00(MPa)$$

$$f_{c3}=0.000\,625\times83.2\times10^3=52.00(MPa)$$

$$f_{c4}=0.000\,625\times87.0\times10^3=54.38(MPa)$$

$$f_{c5}=0.000\,625\times86.4\times10^3=54.00(MPa)$$

$$f_{c6}=0.000\,625\times85.1\times10^3=53.19(MPa)$$

平均值为 $\overline{f_c}=\dfrac{51.63+52.00+52.00+54.38+54.00+53.19}{6}=52.87(MPa)$

平均值±10%的范围为：

上限：$52.87\times(1+10\%)=58.16(MPa)$

下限：$52.87\times(1-10\%)=47.58(MPa)$

显然，六个试件抗压强度中无超过上述上下限范围的，因此，28 d 抗压强度应取：

$$f_c=\overline{f_c}=52.87(MPa)$$

③判定：根据测定计算结果，该水泥 3 d 的抗折强度和抗压强度分别为 4.2 MPa 和 21.5 MPa，28 d 的抗折强度和抗压强度分别为 6.87 MPa 和 52.87 MPa。因此，该水泥的强度等级应为 42.5 级。

第 5 章

一、名词解释(略)

二、单项选择题

1. D	2. A	3. C	4. D	5. D
6. B	7. B	8. A	9. B	10. A
11. B	12. C	13. C	14. C	15. C

三、多项选择题

1. ABC   2. AC   3. BD   4. AC   5. ABC
6. AB   7. ABC   8. ABD   9. ABC   10. AD

四、判断题

1. ×   2. ×   3. √   4. ×   5. √
6. ×   7. √   8. ×   9. ×   10. ×
11. √   12. ×   13. ×   14. √   15. √

五、填空题

1. 胶凝材料；粗集料(石子)；细集料(砂)；水

2. 1.5～2.0

3. 0.6；1区；2区；3区；细度；粗砂；中砂；细砂

4. 卵石；碎石

5. 1/4；3/4；1/3；40

6. 连续粒级；间断粒级；连续

7. 强

8. 流动性；黏聚性；保水性；流动性；坍落度；维勃稠度；黏聚性；保水性

9. 流动性混凝土；干硬性混凝土

10. 50；(20±2)；95%；28；f_{cu}；MPa

11. 胶凝材料强度；水胶比；粗集料；养护条件；龄期；试验条件；施工质量

12. 抗渗性；抗冻性；抗侵蚀性；抗碳化性；抗碱-集料反应

13. 用水量；强度；流动性；节约水泥

14. 先掺法；同掺法；滞水法；后掺法

15. 通用品；特制品

六、简答题

1. 答：普通混凝土的基本组成材料是胶凝材料、粗集料(石子)、细集料(砂)和水。砂、石子在混凝土中起骨架作用。胶凝材料和水形成灰浆，包裹在粗细集料表面并填充集料间的空隙。灰浆在硬化前起润滑作用，使混凝土拌合物具有良好的工作性能；在硬化后起胶结作用，将集料胶结在一起形成坚硬的整体。

2. 答：砂的颗粒级配是指砂中不同颗粒互相搭配的比例情况。以 600 μm 筛孔的累计筛余百分率，划分成1区、2区、3区三个级配区，混凝土用砂的颗粒级配应处于任何一个级配区内，才符合级配要求。否则为级配不合格。

3. 答：混凝土用石子的最大粒径要受结构截面尺寸、钢筋净距及施工条件的限制，所以需要控制。最大粒径的控制应从三方面考虑：①从结构上考虑，不得超过结构截面最小尺寸的 1/4，且不得超过钢筋最小净距的 3/4；对于混凝土实心板，不宜超过板厚的 1/3，且不得超过 40 mm。②从施工上考虑，对于泵送混凝土，最大粒径与输送管内径之比，碎石宜不大于 1∶3，卵石宜不大于 1∶2.5。高层建筑宜控制在 1∶(3～4)，超高层建筑宜控制在 1∶(4～5)。③从强度上考虑，在房屋建筑工程中，一般不宜超过 40 mm。

4. 答：影响和易性的主要因素有灰浆量、水胶比、砂率、原材料、时间、温度、外加剂等。改善和易性的措施：①改善集料级配；②采用合理砂率；③当混凝土拌合物坍落度太小时，可保持水胶比不变，适当增加灰浆用量；当坍落度太大时，可保持砂率不变，调整砂石用量；④尽可能缩短新拌混凝土的运输时间；⑤尽量掺用外加剂（减水剂、引气剂等）。

5. 答：影响混凝土强度的主要因素有胶凝材料强度、水胶比、粗集料、养护条件、龄期、试验条件及施工质量等。提高混凝土强度的措施：①采用高强度等级水泥；②采用干硬性混凝土；③采用湿热养护；④改进施工工艺，采用机械搅拌和振捣；⑤掺入混凝土外加剂和活性掺合料。

6. 答：①根据工程所处环境及要求，合理选择水泥品种；②选用质量良好技术条件合格的砂石集料；③控制混凝土的最大水胶比和最小胶凝材料用量；④掺入外加剂和适量矿物掺合料；⑤严格控制施工质量，保证混凝土均匀密实；⑥采用浸渍处理或用有机材料作防护涂层。

7. 答：①达到设计要求的强度等级；②符合施工要求的和易性；③具备与使用条件相适应的耐久性；④在保证质量的前提下，应尽量节省水泥，降低成本。

8. 答：①利用混凝土强度经验公式和图表进行计算，得出"计算配合比"；②通过试拌、检测，进行和易性调整，得出满足施工要求的"试拌配合比"；③通过对水胶比微量调整，得出既满足设计强度又比较经济合理的"设计配合比"；④根据现场砂、石的含水率，对设计配合比进行修正，得出"施工配合比"。

9. 答：减水剂是指在混凝土拌合物坍落度基本相同的条件下，能减少拌和用水量的外加剂。使用减水剂的主要技术经济效果：①增大流动性。在保持原配合比不变的条件下，拌合物的坍落度可增大 100～200 mm。②提高强度。在保持流动性及水泥用量不变的条件下，强度可提高 10%～20%。③节约水泥。在保持流动性及强度不变的条件下，可节省水泥 10%～15%。④改善其他性质。如可改善混凝土拌合物的黏聚性、保水性等。

10. 答：实现路径分三个阶段：①采用振动加压成型工艺制作高强度混凝土；②掺高效减水剂配制高效混凝土；③采用高效减水剂和矿物掺合料配制高性能混凝土。

七、计算题

1. 解：①计算各号筛的分计筛余百分率和累计筛余百分率，如下表所示。

筛分试验的分计筛余百分率和累计筛余百分率

筛孔尺寸/mm	4.75	2.36	1.18	0.6	0.3	0.15	<0.15
筛余量/g	25	50	100	125	100	75	25
分计筛余百分率/%	$a_1=5$	$a_2=10$	$a_3=20$	$a_4=25$	$a_5=20$	$a_6=15$	$a_7=5$
累计筛余百分率/%	$A_1=5$	$A_2=15$	$A_3=35$	$A_4=60$	$A_5=80$	$A_6=95$	$A_7=100$

②计算该砂的细度模数：

$$M_x = \frac{(A_2+A_3+A_4+A_5+A_6)-5A_1}{100-A_1}$$

$$= \frac{(15+35+60+80+95)-5\times5}{100-5} = 2.74$$

因此，该砂属于中砂。

③判定该砂的级配：

根据 $A_4=60\%$ 可知，该砂的级配为 2 区。$A_1\sim A_6$ 全部在 2 区规定的范围内，因此级配合格。

答：（略）

2. 解：根据钢筋混凝土结构对石子最大粒径的要求，可得石子的最大粒径应同时满足：

$$\begin{cases} d_{max} \leqslant \dfrac{1}{4}\times400=100(mm) \\[2mm] d_{max} \leqslant \dfrac{3}{4}\times(80-20)=45(mm) \end{cases}$$

由此石子的最大粒径应满足 $d_{max}\leqslant45$ mm。在选择石子的公称粒级时，应尽可能选择连续粒级的石子，且最大粒径应尽可能大，故选择公称粒级为 5~40 mm 的石子。

答：（略）

3. 解：①求该组混凝土试件的立方体抗压强度：

根据公式 $f_c=\dfrac{F}{A}$，对于边长为 150 mm 的混凝土立方体试件，可得：

$$f_{c1}=\frac{512\times10^3}{150\times150}=22.8(MPa), \quad f_{c2}=\frac{520\times10^3}{150\times150}=23.1(MPa), \quad f_{c3}=\frac{650\times10^3}{150\times150}=28.9(MPa)$$

判定：最大值与中间值之差：$\dfrac{28.9-23.1}{23.1}\times100\%=25.1\%>15\%$

最小值与中间值之差：$\dfrac{|22.8-23.1|}{23.1}\times100\%=1.3\%<15\%$

由于最大值与中间值之差超过中间值的 15%，所以应取中间值作为该组试件的立方体抗压强度，即：$f_{cu}=f_{c2}=23.1$ MPa。

②求该混凝土所使用水泥的实际抗压强度：

根据公式 $f_{cu}=\alpha_a f_b\left(\dfrac{B}{W}-\alpha_b\right)$，由题意知，$\alpha_a=0.49$，$\alpha_b=0.13$，可得：

$$f_b=\dfrac{f_{cu}}{\alpha_a\left(\dfrac{B}{W}-\alpha_b\right)}=\dfrac{23.1}{0.49\times\left(\dfrac{1}{0.52}-0.13\right)}=26.3(\text{MPa})。$$

答：（略）

4. 解：$1\ m^3$ 混凝土的各组成材料实际用量为

水泥用量：$m_c=\dfrac{3.1}{3.1+1.86+6.24+12.84}\times2450\times1=316(\text{kg})$，

水的用量：$m_w=\dfrac{1.86}{3.1+1.86+6.24+12.84}\times2450\times1=190(\text{kg})$，

砂的用量：$m_s=\dfrac{6.24}{3.1+1.86+6.24+12.84}\times2450\times1=636(\text{kg})$，

碎石用量：$m_g=\dfrac{12.84}{3.1+1.86+6.24+12.84}\times2450\times1=1\ 309(\text{kg})。$

答：（略）

5. 解：①确定配制强度（$f_{cu,0}$）。

据题意可知：$f_{cu,k}=30$ MPa，取 $\sigma=5.0$ MPa，则：

$f_{cu,0}=f_{cu,k}+1.645\sigma=30+1.645\times5.0=38.23(\text{MPa})$

②确定水胶比（W/B）。

据题意，胶凝材料为 42.5 级的水泥，无矿物掺合料，取 $\gamma_c=1.16$，$f_b=\gamma_c f_{ce,g}=1.16\times42.5=49.3(\text{MPa})$；卵石的回归系数取 $\alpha_a=0.49$，$\alpha_b=0.13$。则混凝土水胶比为：

$$\dfrac{W}{B}=\dfrac{\alpha_a f_b}{f_{cu,0}+\alpha_a\alpha_b f_b}=\dfrac{0.49\times49.3}{38.23+0.49\times0.13\times49.3}=0.58$$

复核耐久性。该结构物处于室内干燥环境，要求 $W/B\leqslant0.60$，所以，计算出的水胶比 0.58 能满足耐久性要求。

③确定用水量（m_{w0}）。

根据题意，施工坍落度为 35～50 mm，卵石 $D_{max}=20$ mm，查表取 $m_{w0}=180$ kg。

④确定胶凝材料水泥的用量(m_{c0})：$m_{c0} = \dfrac{m_{w0}}{W/B} = \dfrac{180}{0.58} = 310(\text{kg})$。

复核耐久性。该结构物处于室内干燥环境，最小胶凝材料用量为 280 kg，所以，计算出的水泥用量 310 kg 能满足耐久性要求。

⑤确定合理砂率值(β_s)：

根据题意，卵石 $D_{max} = 20$ mm，水胶比 0.58，根据混凝土砂率用量表可得 $\beta_s = 31\% \sim 36\%$，取 $\beta_s = 34\%$。

⑥确定粗、细集料用量(m_{g0}、m_{s0})。采用体积法计算，取 $\alpha = 1$，解下列方程组

$$
\begin{cases}
\dfrac{310}{3\,000} + \dfrac{m_{g0}}{2\,650} + \dfrac{m_{s0}}{2\,650} + \dfrac{180}{1\,000} + 0.01 \times 1 = 1 \\[3mm]
\dfrac{m_{s0}}{m_{g0} + m_{s0}} = 34\%
\end{cases}
$$

解方程组，可得 $m_{g0} = 1\,236(\text{kg})$，$m_{s0} = 637(\text{kg})$。

计算配合比为

$m_{c0} : m_{s0} : m_{g0} : m_{w0} = 310 : 637 : 1\,236 : 180 = 1 : 2.05 : 3.99 : 0.58$。

答：(略)

6. 解：①计算该混凝土的施工配合比：

$m_c' = m_c = 1$

$m_s' = m_s \times (1 + a\%) = 2.10 \times (1 + 2\%) = 2.14$

$m_g' = m_g \times (1 + b\%) = 4.68 \times (1 + 1\%) = 4.73$

$m_w' = m_w - m_s \times a\% - m_g \times b\% = 0.52 - 2.10 \times 2\% - 4.68 \times 1\% = 0.43$

施工配合比为：$m_c' : m_s' : m_g' = 1 : 2.14 : 4.73$，$m_w'/m_c' = 0.43$。

②1 袋水泥(50 kg)拌制混凝土时其他材料用量分别为

砂子：$m_s' = 2.14 m_c' = 2.14 \times 50 = 107(\text{kg})$，

石子：$m_g' = 4.73 m_c' = 4.73 \times 50 = 237(\text{kg})$，

水：$m_w' = 0.41 m_c' = 0.43 \times 50 = 22(\text{kg})$。

③500 m³ 混凝土需要的材料数量：

1 m³ 混凝土中的水泥用量为 $m_c = \dfrac{m_w}{m_w/m_c} = \dfrac{160}{0.52} = 308(\text{kg})$，则：

$Q = \dfrac{500 \times 308}{1\,000} = 154(\text{t})$，

$V_s' = \dfrac{500 \times 2.14 \times 308}{1\,600} = 206(\text{m}^3)$，

$$V_g' = \frac{500 \times 4.73 \times 308}{1\,500} = 486(\text{m}^3)。$$

答：（略）

第6章

一、名词解释（略）

二、单项选择题

1. C	2. B	3. C	4. D	5. D
6. C	7. A	8. B	9. B	10. A

三、多项选择题

1. AB	2. ABC	3. BC	4. AB	5. CD

四、判断题

1. √	2. ×	3. ×	4. √	5. √
6. ×	7. √	8. √		

五、填空题

1. 水泥砂浆；石灰砂浆；聚合物砂浆；混合砂浆；现场配制砂浆；预拌砂浆

2. 流动性；保水性

3. M5；M7.5；M10；M15；M20；M25；M30

4. 湿拌砂浆；干混砂浆

5. 型式检验；出厂检验；交货检验

六、简答题

1. 答：砌筑砂浆的主要技术性质包括拌合物的表观密度、拌合物的和易性、砂浆的抗压强度、砂浆的黏结性和抗冻性等几个方面。

2. 答：砌筑砂浆拌合物之所以必须具有一定的表观密度，是为了保证硬化后的密实度，减少各种变形的影响，满足砌体力学性能的要求。

3. 答：当原材料的质量一定时，砂浆的强度主要取决于水泥的强度和用量，与拌和用水量无关。

4. 答：①一般抹灰工程宜选用预拌抹灰砂浆，抹灰砂浆应采用机械搅拌；②抹灰砂浆强度等级不宜比基体材料强度高出两个及以上等级；③配制强度等级不大于 M20 抹灰砂浆，宜用 32.5 级通用硅酸盐水泥或砌筑水泥；配制强度等级大于 M20 的抹灰砂浆，宜用 42.5 级通用硅酸盐水泥；④抹灰砂浆施工稠度底层宜为 90～110 mm，中层宜为 70～90 mm，面层宜为 70～80 mm，聚合物水泥抹灰砂浆宜为 50～60 mm，石膏抹灰砂浆宜为 50～70 mm。

5. 答：例如，湿拌防水砂浆强度等级为 M15，抗渗等级为 P8，稠度为 70 mm，凝结时间为 12 h。其标记为 WW M15/P8—70—12—GB/T25181—2010。

七、计算题

解：(1)确定砂浆的试配强度($f_{m,0}$)：

施工单位无统计资料，施工水平较差，取 $k=1.25$，试配强度为

$f_{m,0}=kf_2=1.25\times7.5=9.4(MPa)$

(2)确定砂浆的水泥用量(Q_C)：

取 $\alpha=3.03$，$\beta=-15.09$，水泥用量为：

$$Q_C=\frac{1\ 000(f_{m,0}-\beta)}{\alpha\cdot f_{ce}}=\frac{1\ 000(9.4+15.09)}{3.03\times32.5\times1.0}=249(kg)$$

(3)确定砂浆的石灰膏用量(Q_D)：

标准稠度的石灰膏用量为 $Q'_D=Q_A-Q_C=350-249=101(kg)$，则：

稠度值为 100 mm 的石灰膏用量为 $Q_D=0.97\times101=98(kg)$。

(4)确定砂浆的砂子用量(Q_S)：

砂子用量为 $Q_S=\frac{100}{102}\times1\ 450=1\ 422(kg)$。

(5)砂浆初步配合比：

采用质量比表示为水泥：石灰膏：砂 $=Q_C:Q_D:Q_S=249:101:1\ 422=1:0.41:5.71$。

第 7 章

一、名词解释(略)

二、单项选择题

| 1. C | 2. B | 3. C | 4. D | 5. D |
| 6. D | 7. D | 8. A |

三、多项选择题

| 1. AB | 2. ABCD | 3. ACD | 4. AC | 5. AD |

四、判断题

1. √ 2. × 3. √ 4. × 5. ×

6. × 7. √ 8. √ 9. √ 10. ×

五、填空题

1. 砌筑材料；混凝土集料；装饰材料

2. 适用性；经济性

3. 普通；空心；实心

4. 240 mm；115 mm；53 mm；4；8；16；512

5. 欠火砖；酥砖；螺旋纹砖

6. 页岩；煤矸石；粉煤灰；焙烧；28%；承重

六、简答题

1. 答：①根据抗压强度平均值-标准值或抗压强度平均值-最小值指标来确定烧结普通砖和烧结空心砖的强度等级，根据抗压强度平均值-标准值指标来确定烧结多孔砖的强度等级；②根据尺寸偏差、外观质量、泛霜、石灰爆裂等指标来确定烧结普通砖和烧结多孔砖的产品等级，根据尺寸偏差、外观质量、泛霜、石灰爆裂及吸水率等指标来确定烧结空心砖的产品等级。

2. 答：烧结普通砖的吸水率大，一般为 15%～20%，在砌筑时将大量吸收砂浆中的水分，致使水泥不能正常凝结硬化，导致砖砌体强度下降。因此，在砌筑前，必须预先将砖进行吮水润湿。

3. 答：石灰爆裂是指生产砖的原料中夹带石灰石等杂物，在高温焙烧过程中形成过火石灰，一旦吸水，过火石灰熟化产生体积膨胀，即导致砖体破坏。石灰爆裂不仅造成砖体的外观缺陷和强度降低，还可能造成对砌体的严重危害。

4. 答：建筑砌块作为一种新型墙体材料，可以充分利用地方资源和工业废料。其生产工艺简单，适应性强，砌筑方便灵活，可提高施工效率，减轻房屋自重，改善墙体功能。

5. 答：加气混凝土砌块是良好的墙体材料及隔热保温材料，多用于高层建筑物非承重的内外墙，也可用于一般建筑物的承重墙，还可用于屋面保温。但不能用于建筑物基础和处于浸水、高湿和有化学侵蚀的环境（如强酸、强碱或高浓度 CO_2），也不能用于表面温度高于 80 ℃的承重结构部位。

七、计算题

解：(1)计算每砖的抗压强度：

$$f_i = \frac{P}{Lb} = \frac{254 \times 10^3}{100 \times 115} = 22.08 (\text{MPa}), \quad f_2 = \frac{P}{Lb} = \frac{270 \times 10^3}{100 \times 115} = 23.48 (\text{MPa}),$$

$$f_3 = \frac{P}{Lb} = \frac{218 \times 10^3}{100 \times 115} = 18.96 (\text{MPa}), \quad f_4 = \frac{P}{Lb} = \frac{183 \times 10^3}{100 \times 115} = 15.91 (\text{MPa}),$$

$$f_5 = \frac{P}{Lb} = \frac{238 \times 10^3}{100 \times 115} = 20.70 (\text{MPa}), \quad f_6 = \frac{P}{Lb} = \frac{259 \times 10^3}{100 \times 115} = 22.52 (\text{MPa}),$$

$$f_7 = \frac{P}{Lb} = \frac{191 \times 10^3}{100 \times 115} = 16.61 (\text{MPa}), \quad f_8 = \frac{P}{Lb} = \frac{280 \times 10^3}{100 \times 115} = 24.35 (\text{MPa}),$$

$$f_9 = \frac{P}{Lb} = \frac{220 \times 10^3}{100 \times 115} = 19.13 (\text{MPa}), \quad f_{10} = \frac{P}{Lb} = \frac{254 \times 10^3}{100 \times 115} = 22.08 (\text{MPa}).$$

(2)计算抗压强度平均值：

$$\bar{f} = \frac{f_1 + f_2 + \cdots + f_{10}}{10} = \frac{22.08 + 23.48 + 18.96 + 15.91 + 20.70 + 22.52 + 16.61 + 24.35 + 19.13 + 22.08}{10}$$

$$= 20.6 (\text{MPa})$$

(3)计算抗压强度标准差：

因为 $(f_1 - \bar{f})^2 = (22.1 - 20.6)^2 = 2.25 (\text{MPa}^2)$，

同理：$(f_2 - \bar{f})^2 = 8.41 (\text{MPa}^2) \cdots (f_{10} - \bar{f})^2 = 2.25 (\text{MPa}^2)$

所以 $s = \sqrt{\frac{1}{9} \sum_{i=1}^{10} (f_i - \bar{f})^2} = \frac{\sqrt{2.25 + \cdots + 2.25}}{9} \approx 2.86 (\text{MPa})$。

(4)计算强度标准值：

$$f_k = \bar{f} - 1.83s = 20.6 - 1.83 \times 2.86 = 15.36 (\text{MPa})$$

(6)判定强度等级：

由烧结普通砖抗压强度平均值 $\bar{f} = 20.6$ MPa 和强度标准值 $f_k = 15.36$ MPa 可知，该砖的强度等级为 MU20。

第 8 章

一、名词解释(略)

二、单项选择题

1. C   2. B   3. D   4. B   5. A

三、多项选择题

1. ABCD   2. BC   3. CD   4. AD   5. BCD

四、判断题

1. √   2. √   3. ×   4. ×   5. ×

6. √   7. √   8. √

五、填空题

1. SiO_2

2. 透光；透视

3. 热反射玻璃

4. 陶器；瓷器

5. 陶瓷面砖；卫生陶瓷

6. 增强；恢复

六、简答题

1. 答：玻璃的抗压强度高而抗拉强度低，冲击荷载作用下极易破碎；玻璃的绝热、隔声性较好而热稳定性差，遇沸水易破裂；玻璃有较好的化学稳定性及耐酸性，能抵抗除氢氟酸以外的多种酸的侵蚀；玻璃具有透光和透视性。

2. 答：外墙砖具有强度高、耐磨、抗冻、防水、不易污染和装饰效果好等特点。

3. 答：陶瓷马赛克主要用于镶嵌地面工程，如卫生间、门厅、餐厅、浴室等处的地面及内墙面；也可作建筑物外墙面装饰和防护材料。

4. 答：因为内墙面砖的多孔坯体层和表面釉层的吸水率、膨胀率相差较大，在室外受到日晒雨淋及温度变化时，易开裂或剥落，故不宜用于外墙装饰和地面材料使用。

第 9 章

一、名词解释（略）

二、单项选择题

1. C   2. B   3. A   4. D   5. B

6. A   7. C   8. B   9. A   10. C

三、多项选择题

1. ACD   2. ABC   3. ABCD   4. ABC   5. ACD

6. BCD   7. ABC   8. ABD   9. CD   10. ABD

四、判断题

1. √　　　　2. ×　　　　3. √　　　　4. √　　　　5. √

6. √　　　　7. √　　　　8. √　　　　9. ×　　　　10. ×

11. ×　　　12. ×　　　13. √　　　14. √　　　15. ×

五、填空题

1. 沸腾钢；镇静钢；半镇静钢；特殊镇静钢

2. 非合金钢；低合金钢；合金钢

3. 冷脆性；低

4. 铁素体；渗碳体；珠光体

5. 钢结构用钢；钢筋混凝土结构用钢

6. 热轧光圆钢筋；热轧带肋钢筋

7. 氧气转炉炼钢法；平炉炼钢法；电弧炉炼钢法

8. 弯曲角度；弯心直径/试件厚度（或直径）

9. 冷轧；带肋；钢筋

10. 冷拉；消除应力

六、简答题

1. 答：低碳钢受拉直至破坏，依次经历了弹性阶段、屈服阶段、强化阶段、颈缩阶段。各阶段特点如下：

弹性阶段：应力与应变成正比，钢材产生弹性变形，对应指标为弹性模量 E。

屈服阶段：应力与应变不再成正比，产生塑性变形；此时即使应力减小，应变也会迅速增加，对应指标为屈服强度 σ_s。

强化阶段：钢材对外力的抵抗能力重新增大，对应指标为抗拉强度 σ_b。

颈缩阶段：钢材某一截面开始产生收缩，并最终从最细处断裂，对应指标为伸长率 δ 和断面收缩率 φ。

2. 答：冷弯性能是指钢材在常温下承受弯曲变形的能力。

冷弯试验中，钢材试件按规定的弯曲角度和弯心直径进行试验，若试件弯曲处不发生裂缝、裂断或起层，即认为冷弯性能合格。

通过冷弯试验，揭示钢材内部是否存在组织不均匀、内应力和夹杂物等缺陷。

3. 答：钢材的锈蚀是指钢材表面与周围介质发生化学反应而遭到破坏的过程。锈蚀原因主要是化学侵蚀和电化学侵蚀。防止钢材锈蚀常采用施加保护层（金属保护层和非金属保护层)和制成合金钢(在钢中加入铬、镍等合金元素制成不锈钢) 的方法。

4. 答：碳对钢的组织和性能有决定性影响。随着含碳量增加，钢的硬度和抗拉强度不断增大，塑性、韧性和可焊性不断降低，强度则以含碳量 0.8% 左右为最高。当含碳量超过 1% 时，随着其增加，除硬度继续增加外，钢材的强度、塑性、韧性都降低。此外，随着含碳量的增加，钢的冷弯性能、耐腐蚀性和可焊性会降低，冷脆性和时效敏感性将增大。

5. 答：预应力钢丝和钢绞线具有强度高、柔韧性好、无接头、质量稳定、施工简便等优点，使用时可按要求长度切割。主要用于大跨度、大荷载、曲线配筋的预应力混凝土结构。

七、计算题

解：(1)评定钢筋级别。

屈服强度：

$\sigma_{s1} = 46.4 \times 10^3 N/[3.14 \times (1/4) \times 12^2 \times 10^{-6} m^2] = 410(MPa)$

$\sigma_{s2} = 46.5 \times 10^3 N/[3.14 \times (1/4) \times 12^2 \times 10^{-6} m^2] = 411(MPa)$

所以 $\sigma_s = (410 + 411)/2 = 410.5(MPa)$

抗压强度：

$\sigma_{b1} = 62.0 \times 10^3 N/[3.14 \times (1/4) \times 12^2 \times 10^{-6} m^2] = 548(MPa)$

$\sigma_{b2} = 61.6 \times 10^3 N/[3.14 \times (1/4) \times 12^2 \times 10^{-6} m^2] = 545(MPa)$

所以 $\sigma_b = (548 + 545)/2 = 546.5(MPa)$

伸长率：

$\delta_1 = (\Delta L_1/L_0) \times 100\% = [(71.1 - 60)/60] \times 100\% = 18.5\%$

$\delta_2 = (\Delta L_2/L_0) \times 100\% = [(71.5 - 60)/60] \times 100\% = 19.2\%$

所以 $\delta = (\delta_1 + \delta_2)/2 = (18.5\% + 19.2\%)/2 = 18.9\%$

根据计算所得 $\sigma_s = 410.5$ MPa、$\sigma_b = 546.5$ MPa、$\delta = 18.9\%$，判定该钢筋为 400 MPa 钢筋。

(2)判定强度利用率和结构安全度。

因为 $\sigma_s/\sigma_b = 410.5/546.5 = 0.75$，所以 $\sigma_s/\sigma_b = 0.75$ 在 $0.60 \sim 0.75$，说明钢材利用率高，该结构的安全工作性好。

第 10 章

一、名词解释（略）

二、单项选择题

1. C 2. B 3. B 4. B 5. D
6. A 7. C 8. B 9. B 10. D

三、多项选择题

1. BC 2. ABCD 3. ABC 4. AD 5. AB

四、判断题

1. √ 2. × 3. √ 4. × 5. ×
6. √ 7. × 8. × 9. × 10. √

五、填空题

1. 横切面；径切面；弦切面；异

2. 较浅；较软；春材（早材）；较深；坚硬；夏材（晚材）；髓心；松软；强度；腐朽

3. 腐朽菌

4. 自由；吸附

5. 髓心；室内；气干；平衡含水率

六、简答题

1. 答：木材的优良性能：质轻而强度高，有较高的弹性和韧性；导热性低；具有良好的装饰性，易加工；在干燥的空气中或长期置于水中有很高的耐久性等。

木材的缺点：构造不均匀；各向异性；容易吸收或散发水分，导致尺寸、形状及强度的变化，甚至引起裂缝和翘曲；保护不善，容易腐蚀虫蛀；天生缺陷较多，影响材质；耐火性差，容易燃烧等。

2. 答：一是破坏真菌生存的条件，即让木材处于经常通风的位置，使其保持干燥状态，可在木材表面涂刷油漆，既隔绝空气又隔绝水分；二是把木材变成有毒物质，即把防腐剂（如氟化钠、氟硅酸钠等）注入木材内，使真菌无法寄生。

3. 答：木材强度按受力状态分为抗拉、抗压、抗弯和抗剪四种强度，抗拉、抗压和抗剪强度又分为顺纹强度和横纹强度。影响强度的主要因素有：木材含水率、荷载持续时间、木材缺陷、环境温度。

4. 答：刨花板是将木材原料经过打碎、筛选、烘干等工序，拌以胶料压制成的人造板。

人造板与天然木材相比，其板面宽，表面平整光洁，内部均匀致密，便于加工，没有节子、虫眼和各向异性等缺点，具有不易翘曲、开裂等优点。

七、计算题

解：(1)计算该木材标准状态时的抗压强度 f_{12}：

因为 $W=11\%$，$f_w=64.8$MPa，$\alpha=0.05$

所以 $f_{12}=f_w[1+\alpha(100W-12)]$

$\qquad =64.8\times[1+0.05\times(11-12)]$

$\qquad =61.56$(MPa)

(2)计算含水率为 15% 时的强度：

因为 $f_{12}=f_{15}[1+0.05\times(15-12)]$

所以 $61.56=f_{15}[1+0.05\times(15-12)]$

解得 $f_{15}=53.53$(MPa)。

因为该木材的纤维饱和点为 15%，所以含水率为 18%、23% 时抗压强度应为 53.53 MPa。

第 11 章

一、名词解释(略)

二、单项选择题

| 1. A | 2. B | 3. C | 4. C | 5. D |
| 6. D | 7. A | 8. C | 9. B | 10. A |

三、多项选择题

| 1. CD | 2. ABD | 3. ABC | 4. ABCD | 5. BCD |

四、判断题

| 1. × | 2. √ | 3. × | 4. × | 5. × |
| 6. √ | 7. × | 8. × | 9. × | 10. √ |

五、填空题

1. 道路；建筑；普通

2. 油分；树脂；地沥青质

3. 溶胶；凝胶；溶-凝胶

4. 黏滞度；针入度；牌号

5. 25；100；5；0.1

6. 小；大；差；小

7. 矿物填充料改性沥青；树脂改性沥青；橡胶改性沥青；橡胶-树脂改性沥青

8. 沥青防水卷材；改性沥青防水卷材；合成高分子防水卷材

9. 沥青类；高聚物改性沥青类；溶剂型；水乳型

10. 稳定性；抗裂性；稳定性；耐久性

六、简答题

1. 答：沥青的塑性用延度表示，延度由延度仪测定，方法是把沥青制成"∞"字形标准试件，试件中间最狭处为 10 mm，在 25 ℃水中，以 5 cm/min 的速度在延度仪上进行拉伸，延度以试件拉细而断裂时的长度(cm)来表示。

2. 答：石油沥青的技术指标主要包括针入度、延度、软化点、溶解度、蒸发损失、蒸发后针入度比和闪点等。石油沥青的牌号主要根据其针入度、延度和软化点等质量指标划分。以针入度值表示石油沥青的牌号。

3. 答：煤沥青同石油沥青相比，密度较大，塑性较差，温度敏感性大，在低温下易变得硬脆，老化快；但与矿质材料表面粘结力强，防腐能力强，有毒，有臭味。煤沥青适用于地下防水工程及防腐工程，常用于配制防腐涂料、胶粘剂、防水涂料、油膏以及制作油毡等。

4. 答：一是改变沥青化学组成，二是使改性剂均匀分布于沥青中形成一定的空间网络结构。

5. 答：以 P 型产品为代表的 PVC 卷材的突出特点是拉伸强度高、断裂伸长率较大，原材料丰富，价格便宜。可用于各种屋面防水、地下防水及旧屋面的维修工程。

七、计算题

1. 解：软化点高的沥青掺配比例 $Q_1 = \dfrac{T - T_2}{T_1 - T_2} \times 100\% = \dfrac{80 - 50}{95 - 50} \times 100\% = 66.67\%$。

软化点低的沥青掺配比例 $Q_2 = 1 - Q_1 = 1 - 66.67\% = 33.33\%$。

2. 解：设甲为 10 号沥青有 14 t，乙为 30 号沥青有 4 t，丙为 60 号沥青有 12 t。则 $T_1 = T_甲 = 96$ ℃，$T_2 = T_乙 = 72$ ℃，$T_3 = T_丙 = 47$ ℃，$T = 85$ ℃，$Q_总 = 20$ t。

①甲乙掺配达所需软化点时，甲的掺配比例为 Q_1：

$$Q_1 = \frac{T - T_2}{T_1 - T_2} \times 100\% = \frac{85 - 72}{96 - 72} \times 100\% = 54.17\%$$

乙的掺配比例为 Q_2：$Q_2 = 1 - Q_1 = 1 - 54.17\% = 45.83\%$。

②甲丙掺配达所需软化点时，甲的掺配比例为 Q_1'：

$$Q_1' = \frac{T - T_3}{T_1 - T_3} \times 100\% = \frac{85 - 47}{96 - 47} \times 100\% = 77.55\%$$

丙的掺配比例为 Q_3：$Q_3 = 1 - Q_1' = 1 - 77.55\% = 22.45\%$。

③若将现有量最少的乙(30 号)沥青 4 t 全部用完，则乙占总量的比例为 $Q_乙$：

$$Q_乙 = \frac{4}{20} \times 100\% = 20\%$$

所以，$Q_{12} = \dfrac{Q_乙}{Q_2} \times 100\% = \dfrac{20\%}{45.83\%} = 43.64\%$

$Q_甲 = Q_1 Q_{12} + Q_1'(1 - Q_{12}) = 54.17\% \times 43.64\% + 77.55\% \times (1 - 43.64\%) = 67.40\%$

$Q_丙 = Q_3(1 - Q_{12}) = 22.45\% \times (1 - 43.64\%) = 12.60\%$

故，甲的掺配量为 $67.40\% \times 20 = 13.48(t)$，乙的掺配量为 $20\% \times 20 = 4(t)$，丙的掺配量为 $12.60\% \times 20 = 2.52(t)$。

第 12 章

一、名词解释(略)

二、单项选择题

1. C　　　2. A　　　3. B　　　4. A　　　5. C
6. A

三、多项选择题

1. BCD　　2. ABC　　3. ABCD　　4. BC　　5. ABC

四、判断题

1. ×　　2. √　　3. ×　　4. ×　　5. √
6. √　　7. √　　8. √　　9. √　　10. ×

五、填空题

1. 合成树脂；胶结；主要

2. 可塑性；流动性；低温脆性

3. 主要成膜物质；次要成膜物质；辅助成膜物质

4. 外墙涂料；内墙涂料；地面涂料

5. 无机胶粘剂；有机胶粘剂

六、简答题

1. 答：高分子材料具有密度小、比强度高、耐水性及耐化学腐蚀性强、抗渗性及防水性好、耐磨性强、绝缘性好、易加工等特点，但在环境影响下易发生老化，且具有可燃性。

2. 答：①外墙涂料的主要功能是美化建筑和保护建筑物的外墙面。②外墙涂料应具备丰富的色彩和质感，使建筑物外墙的装饰效果好；耐水性和耐久性好，能经受日晒、风吹、雨淋和冰冻等侵蚀；耐污染性强，易于清洗。③外墙涂料的种类有溶剂型外墙涂料、乳液型外墙涂料、彩色砂壁状外墙涂料、复层外墙涂料、无机外墙涂料等。

3. 答：①根据胶结材料的种类性质，要选用与被粘材料相匹配的胶粘剂，通常具有极性的材料要选用极性的胶粘剂，非极性材料要选用非极性的胶粘剂；②根据胶结材料的使用要求，要选用能满足特种要求的胶粘剂；③根据胶结材料的环境条件，要选用耐环境性好的胶粘剂；④在满足使用性能的前提下，应考虑性能与价格的均衡，尽可能使用经济的胶粘剂。

参 考 文 献

[1] 徐友辉，何展荣. 建筑材料[M]. 北京：北京理工大学出版社，2012.

[2] 徐友辉. 建筑材料[M]. 成都：西南交通大学出版社，2010.

[3] 徐友辉. 建筑材料教与学[M]. 成都：西南交通大学出版社，2007.

[4] 王辉. 建筑材料与检测[M]. 2版. 北京：北京大学出版社，2016.

[5] 王秀花. 建筑材料[M]. 2版. 北京：机械工业出版社，2012.

[6] 申淑荣，冯翔. 建筑材料[M]. 北京：冶金工业出版社，2009.

[7] 张君. 建筑材料[M]. 北京：清华大学出版社，2008.

[8] 陈宝璠. 建筑装饰工程材料[M]. 北京：中国建材工业出版社，2009.

[9] 高琼英. 建筑材料[M]. 3版. 武汉：武汉工业大学出版社，2006.

[10] 王春阳. 建筑材料[M]. 2版. 北京：高等教育出版社，2006.